3D 打印技术系列丛书

丛书主编　沈其文　王晓斌

选择性激光烧结 3D 打印技术

主编　沈其文

参编　黄欢强　李晓记　杨劲松　唐　萍

陈天陪　陈香生　王　贤　陈新锐

曾凡亮　李宗涛

西安电子科技大学出版社

内容简介

本书是《3D打印技术系列丛书》之一。全书分为5章，分别介绍3D打印技术概述、SLS 3D打印技术、SLS 3D打印材料与研究、SLS 3D打印机制造系统实例、SLS 3D打印技术的发展。

本书可供从事3D打印技术的研发人员学习参考，亦可作为大中专和职业院校相关专业的教材使用。

图书在版编目(CIP)数据

选择性激光烧结3D打印技术/沈其文主编．—西安：西安电子科技大学出版社，2016.9
3D打印技术系列丛书
ISBN 978-7-5606-4262-8

Ⅰ．①选…　Ⅱ．①沈…　Ⅲ．①立体印刷—印刷术　Ⅳ．①TS853

中国版本图书馆CIP数据核字(2016)第217072号

策　　划　陈　婷
责任编辑　许青青
出版发行　西安电子科技大学出版社(西安市太白南路2号)
电　　话　(029)88242885　88201467　　邮　　编　710071
网　　址　www.xduph.com　　电子邮箱　xdupfxb001@163.com
经　　销　新华书店
印刷单位　陕西百花印刷有限责任公司分公司
版　　次　2016年9月第1版　2016年9月第1次印刷
开　　本　787毫米×960毫米　1/16　印　张　9.5
字　　数　162千字
印　　数　1～2000册
定　　价　35.00元
ISBN 978-7-5606-4262-8/TS
XDUP 4554001-1

序

3D 打印技术又称为快速成形技术或增材制造技术，该技术在 20 世纪 70 年代末到 80 年代初期起源于美国，是近 30 年来世界制造技术领域的一次重大突破。3D 打印技术是光学、机械、电气、计算机、数控、激光以及材料科学等技术的集成，它能将数学几何模型的设计迅速、自动地物化为具有一定结构和功能的原型或零件。3D 打印技术改变了传统制造的理念和模式，是制造业最具有代表性的颠覆技术。3D 打印技术解决了国防、航空航天、交通运输、生物医学等重点领域高端复杂精细结构关键零部件的制造难题，并提供了应用支撑平台，有极为重要的应用价值，对推进第三次工业革命具有举足轻重的作用。随着 3D 打印技术的快速发展，其应用将越来越普及。

在新的世纪，随着信息、计算机、材料等技术的发展，制造业的发展将越来越依赖于先进制造技术，特别是 3D 打印制造技术。2015 年国务院发布的《中国制造 2025》中，3D 打印技术及其装备被正式列入十大重点发展领域。可见，3D 打印技术已经被提升到国家重要战略基础产业的高度。3D 打印先进制造技术的发展需要大批创新型的人才，这对工科院校、特别是职业技术院校及职业技校学生的培养提出了新的要求。

我国 3D 打印技术正在快速成长，其应用范围不断扩大，但 3D 打印技术的推广与应用尚在起步阶段，3D 打印技术人才极度匮乏，因此，出版一套高水平的 3D 打印技术系列丛书，不仅可以让最新的学术科研成果以著作的方式指导从事 3D 打印技术研发的工程技术人员，以进一步提高我国“智能制造”行业技术研究的整体水平，同时对人才培养、技术提升及 3D 打印产业的发展也具有重大意义。

本丛书主要介绍 3D 打印技术原理、主流机型系列的工艺成形原理、打印材料的选用、实际操作流程以及三维建模和图形操作软件的使用。本丛书共五册，分别为：《液态树脂光固化 3D 打印技术》(莫健华主编)、《选择性激光烧结 3D 打印技术》(沈其文主编)、《黏结剂喷射与熔丝制造 3D 打印技术》(王运赣、王宣主编)、《选择性激光熔化 3D 打印技术》(陈国清主编)、《三维测量技术及应用》(李中伟主编)。

本丛书由广东奥基德信机电有限公司与西安电子科技大学出版社共同策划，由华中科技大学自20世纪90年代末就从事3D打印技术研发并具有丰富实践经验的教授，结合国内外典型的3D打印机及广东奥基德信机电有限公司的工业级SLS、SLM、3DP、SLA、FFF(FDM)3D打印机和三维扫描仪等代表性产品的特性以及其他各院校、企业产品的特性进行编写，其中沈其文教授对每本书的编写思路、目录和内容均进行了仔细审阅，并从整体上确定全套丛书的风格。

由于编写时间仓促，且要兼顾不同层次读者的需求，本书涉及的内容非常广泛，丛书中的不当之处在所难免，敬请读者批评指正。

编　者

2016年6月于广东佛山

前　言

3D打印技术是20世纪80年代末期开始商品化的一种高新制造技术，又称快速成形技术、增材制造技术等，是一种集激光、机械、计算机、数控和材料于一体的新型先进制造技术。其原理是将计算机辅助设计(CAD)、计算机辅助制造(CAM)、计算机数字控制(CNC)、激光加工、精密伺服驱动和新材料等先进技术集于一体，将CAD的三维图形直接输入3D打印机并完成一系列数字切片，同时将这些切片的信息传送到3D打印机上，然后将连续的薄片层面层层堆叠起来，在几小时或几天内便可打印出样品零件。该技术是近几十年来先进制造领域兴起的一种变革性的短流程、低成本、数字化、高性能构件制造一体化技术，广泛应用于国防、航空航天、工业、医疗、电子电器、电力等各个领域。3D打印技术的优势是:不受结构工艺性的约束，只要能想到就能打印出来，特别适合复杂结构、个性化制造及创新构思的快速验证，大大缩短了产品的生产周期，提高了市场竞争能力。

依据堆叠薄层的形式的多样性，世界范围内各种类型的3D打印技术有几十种之多，目前较多用于工业领域的可归纳为下列几种：SLA光固化3D打印技术、SLS选择性激光3D打印技术、3DP黏结剂喷射3D打印技术、FFF(FDM)熔丝制造3D打印技术、SLM选择性激光熔化3D打印技术等。在这几种基本3D打印技术中，SLS选择性激光3D打印技术是目前在各个领域应用最广泛的一种，原因是该技术所适用的3D打印材料最广泛，只要是能被激光扫描产生熔融烧结的材料(塑料、砂、陶瓷、金属等)，均可以用于3D打印，制成各种塑料制件、砂芯(砂型)、陶瓷制品、金属零部件(特别是多个零件组合的整体件)等，且可以打印蜡模或砂型(芯)，直接用来进行熔模精密铸造或砂型铸造，可快速获得金属铸件。该技术在近年来发展迅速并受到越来越多领域相关人员的关注。

3D打印技术起源于美国，于90年代进入我国市场，北京隆源自动成形有限公司和华中科技大学滨湖机电技术公司的SLS 3D打印机于20年代初进入我国市场。之后华中科大在SLS 3D打印技术的理论和应用研究方面取得了长足的进展，特别是在超大型SLS 3D打印机的研制方面已进入世界领军行列，其具体成果如下:① 提出了独创的工艺软件理论和方法，如独有的STL文件容错切片技术、自适应切片功能软件、复合扫描路径，开发了速度规划软件，并开发了热源支撑工艺，以及具有强纠错功能的光斑补偿算法、多激光头、多振镜扫描系统、多激光扫描边界随机扰动连接方法；② 开发了多款超大型 SLS 3D 打印机，如 1000 mm×1000 mm×600 mm～1400 mm×1400 mm×600 mm 四激光器、四振镜扫描系统；③ 开发了多层可调式预热装置等。为此，华中科大获得了国家授予的许多奖励和荣誉，其研发成果在国内外得到了广泛的应用，使新品开发周期得以缩短，取得了显著的经济和社会效益。为了培养 SLS 3D 打印的技术人才，更深入地研究此项技术，制造出更好的 SLS 3D 打印机，使操作机器的人员尽快主动熟练掌握该类机器的操作，使 SLS 3D 打印技术能迅速推广到各行业中进行广泛的应用，我们总结了华中科技大学快速制造中心 3D 打印团队同事、研究生及有关合作单位(如广西玉柴机器集团有限公司、北京航空材料研究院、沈阳铸造研究所等)的工程技术人员等自 1996 年以来对 3D 打印技术的理论研究成果、实际工作经验，特别是将 SLS 选择性激光烧结 3D 打印技术和铸造实际经验相结合，同时汇集了国内外许多学者、公司研究人员发表的海量文献资料，编写了这本《选择性激光烧结 3D 打印技术》。

本书对选择性激光烧结 3D 打印技术的原理、材料、操作工艺、应用程序及应用实例进行了全面系统的论述。本书分为 5 章：第 1 章是对 3D 打印技术的全面概述，主要描述 3D 打印技术的概念、发展史、特点和优势，介绍 3D 打印技术的工作原理、3D 打印技术的全过程、3D 打印机的主流机型、3D 打印技术的应用与发展。第 2 章为 SLS 3D 打印技术，介绍 SLS 3D 打印技术的发展历史，SLS 3D 打印机常用的主要系统、类型及工作原理，以及 SLS 3D 打印机的特点和应用。第 3 章为 SLS 3D 打印材料与研究，介绍 SLS 3D 打印技术所用材料的发展概况、SLS 3D 打印技术中最常用聚合物材料的应用、SLS 3D 打印技术所用覆膜砂材料的应用、覆膜砂的 SLS 成形工艺、SLS 覆膜砂制件的应用实例。第 4 章为 SLS 3D 打印机制造系统实例，介绍 SLS 3D 打印机制造系统简介、零件的 SLS 3D 打印加工制造、SS－403 软件界面、常见故障及处理、设备维护及保养、外光路调整以及系统软件的安装与维护。第 5 章为 SLS 3D 打印技术的发展，介绍 SLS 设备软件控制系统方面的创新和 SLS 装备的超大型技术。

本书以指导实际生产为主要目标，参加本书编写的作者大多是从事 3D 打印技术工作多年、有丰富的从事 3D 打印科研理论研究和 3D 打印生产实际经验的人员。本书在内容处理上，对理论的阐述尽量做到通俗易懂，便于读者自学，力求理论联系实际并指导实际，删除没有实际意义的纯理论内容。因此，本书不仅可以作为中专、职业技术学院和本科院校相关专业学生的教材，亦可作为各个工程领域工程技术人员及企业、行政管理人员的参考书籍。

本书分工如下：主编沈其文负责全书各章的文字编写与插图绘制及编辑，参编人员中唐萍提供第 1 章的部分素材，杨劲松提供第 2 章的部分素材，奥基德信机电有限公司的黄欢强等提供第 4 章的素材。

本书较集中地反映了华中科技大学快速制造中心的相关成果，使用了国内外从事 3D 打印的单位及个人的研究成果，引用了长期以来与我们进行 3D 打印合作单位的经验资料，如广西玉柴机器集团有限公司、北京航空材料研究院、北京隆源自动成形有限公司等，奥基德信机电有限公司提供了 3D 打印设备，在此对上述单位及个人表示衷心的感谢。

沈其文

2016 年 6 月于广州

目　录

第1章　3D打印技术概述 …… 1

1.1　3D打印技术简介 …… 1

1.1.1　3D打印技术的概念 …… 1

1.1.2　3D打印技术的发展史 …… 2

1.1.3　3D打印技术的特点和优势 …… 5

1.2　3D打印技术的工作原理 …… 6

1.3　3D打印技术的全过程 …… 8

1.3.1　工件三维CAD模型文件的建立 …… 9

1.3.2　三维扫描仪 …… 10

1.3.3　三维模型文件的近似处理与切片处理 …… 11

1.4　3D打印机的主流机型 …… 12

1.4.1　立体光固化打印机 …… 13

1.4.2　选择性激光烧结打印机 …… 14

1.4.3　选择性激光熔化打印机 …… 15

1.4.4　熔丝制造成形打印机 …… 16

1.4.5　分层实体打印机 …… 18

1.4.6　黏结剂喷射打印机 …… 19

1.5　3D打印技术的应用与发展 …… 21

1.5.1　3D打印技术的应用 …… 21

1.5.2　3D打印技术与行业结合的优势 …… 23

1.5.3　3D打印技术在国内的发展现状 …… 29

1.5.4　3D打印技术在国内的发展趋势 …… 31

1.5.5　3D打印技术发展的未来 …… 33

第2章　SLS 3D打印技术 …… 35

2.1　SLS 3D打印技术的发展历史 …… 35

2.2　SLS 3D打印机常用的主要系统、类型及工作原理 …… 36

2.2.1　SLS 3D打印机的供(送)粉系统 …… 36

2.2.2　SLS 3D 打印机的激光扫描系统…… 40
2.2.3　SLS 3D 打印机的铺粉装置…… 42
2.2.4　SLS 3D 打印机粉末床的加热系统…… 43
2.3　SLS 3D 打印机的特点和应用…… 45
2.3.1　SLS 3D 打印技术的特点…… 45
2.3.2　SLS 3D 打印技术的应用实例…… 46

第 3 章　SLS 3D 打印材料与研究 …… 47
3.1　SLS 3D 打印技术所用材料的发展概况…… 47
3.1.1　SLS 3D 打印材料的种类…… 47
3.1.2　高分子聚合物粉末的 SLS 成形及研究进展 …… 49
3.1.3　3D 打印的金属粉末材料…… 51
3.1.4　3D 打印的铸造覆膜砂…… 52
3.1.5　陶瓷粉末的 SLS 成形及研究进展 …… 54
3.2　SLS 3D 打印技术中最常用聚合物材料的应用…… 54
3.2.1　PS SLS 制件制成熔模精密铸造中的 PS 蜡模 …… 54
3.2.2　小泵轮 PS 蜡模的精密铸造工艺过程实例 …… 60
3.2.3　用间接法制造增强塑料功能件 …… 63
3.2.4　用 SLS 烧结尼龙(PA)粉末的实用性研究 …… 66
3.3　SLS 3D 打印技术所用覆膜砂材料的应用…… 71
3.3.1　覆膜砂型(芯)SLS 3D 打印的技术问题和解决方法…… 71
3.3.2　确定 SLS 覆膜砂的原材料和打印成形工艺参数分析 …… 72
3.3.3　用于 SLS 覆膜砂的固化机理 …… 74
3.3.4　覆膜砂的激光烧结特征 …… 76
3.3.5　覆膜砂的激光烧结特征对精度的影响 …… 78
3.3.6　覆膜砂的选择性激光烧结工艺与性能研究 …… 79
3.3.7　推荐的覆膜砂激光烧结工艺参数 …… 82
3.3.8　SLS 覆膜砂的固化小结 …… 83
3.4　覆膜砂的 SLS 成形工艺 …… 84
3.4.1　SLS 成形工艺参数与 SLS 试样强度之间的关系 …… 84
3.4.2　固化深度与粘砂深度 …… 86
3.4.3　能量叠加的影响 …… 89
3.4.4　SLS 覆膜砂型(芯)的后固化 …… 90

3.4.5 影响发气量的因素 …… 92
3.5 SLS覆膜砂制件的应用实例 …… 93
3.5.1 复杂液压阀体的制造 …… 93
3.5.2 小型压气机气缸盖的SLS覆膜砂成形实例 …… 95
3.5.3 其他覆膜砂型(芯)的SLS成形实例 …… 97

第4章 SLS 3D打印机制造系统实例 …… 99
4.1 SS-403 3D打印机制造系统简介 …… 99
4.1.1 SS-403 3D打印机制造系统的基本组成及性能参数 …… 99
4.1.2 SS-403 3D打印机制造系统的防护及安全 …… 100
4.1.3 SS-403系统开机操作 …… 103
4.2 零件的SLS 3D打印加工制造 …… 104
4.2.1 3D打印零件图形的预处理 …… 104
4.2.2 3D打印零件的制作 …… 104
4.2.3 3D打印制件的后处理 …… 106
4.2.4 SS-403系统3D制件打印操作的整个工艺流程 …… 110
4.2.5 用于3D打印PS材料推荐的参数设置 …… 110
4.2.6 3D打印制件的尺寸精度检测 …… 110
4.3 SS-403软件界面 …… 112
4.3.1 菜单项 …… 112
4.3.2 显示项 …… 113
4.3.3 设置项 …… 113
4.3.4 制造项 …… 114
4.3.5 工具栏 …… 117
4.3.6 状态栏 …… 117
4.3.7 各参数的功能和要求 …… 117
4.4 常见故障及处理 …… 118
4.5 设备维护及保养 …… 120
4.5.1 整机的保养 …… 120
4.5.2 工作缸的保养及维护 …… 120
4.5.3 Z轴丝杆、刮刀导轨的保养及维护 …… 120
4.5.4 激光窗口保护镜处理 …… 121
4.6 外光路调整 …… 121

4.6.1 有反射镜的外光路系统 …… 121
4.6.2 无反射镜的外光路系统 …… 122
4.7 系统软件的安装与维护 …… 123
4.7.1 利用 ghost 恢复系统 …… 123
4.7.2 手动安装 …… 123

第5章 SLS 3D打印技术的发展 …… 126
5.1 SLS设备软件控制系统方面的创新 …… 126
5.2 SLS装备的超大型技术 …… 129
5.2.1 华中科技大学的超大型 SLS 3D 打印机 …… 129
5.2.2 多层可调式预热装置 …… 130
5.2.3 多层可调式预热装置中加热管对粉末床温度区域的影响 …… 131
5.2.4 多激光头、多振镜扫描系统 …… 131
5.2.5 多激光扫描边界随机扰动连接方法 …… 132
5.2.6 上落(送)粉 SLS 3D 打印系统 …… 133

参考文献 …… 137

第1章 3D打印技术概述

3D打印技术改变了传统制造的理念和模式，是制造业有代表性的颠覆技术，也是近30年来世界制造技术领域的一次重大突破。3D打印技术解决了国防、航空航天、机械制造、交通运输、生物医学等重点领域关键零部件的制造难题，并提供了应用支撑平台，有极为重要的应用价值，对推进第三次工业革命具有举足轻重的作用。随着3D打印技术的快速发展，其应用将越来越普及。

1.1 3D打印技术简介

1.1.1 3D打印技术的概念

机械制造技术大致分为如下三种方式：

(1) 减材制造：一般是用刀具进行切削加工或采用电化学方法去除毛坯中不需要的材料，剩下的部分即是所需加工的零件或产品。

(2) 等材制造：利用模具成形，将液体或固体材料变为所需结构的零件或产品。铸造、锻压等均属于此种方式。

减材制造与等材制造均属于传统的制造方法。

(3) 增材制造：也称3D打印，是近20年发展起来的先进制造技术，它无需刀具及模具，是用材料逐层累积叠加制造所需实体的方法。

3D打印(Three Dimensional Printing, 3DP)技术在学术上又称为“添加制造”(Additive Manufacturing, AM)技术，也称为增材制造或增量制造。根据美国材料与试验协会(ASTM) 2009年成立的3D打印技术委员会(F42委员会)公布的定义，3D打印技术是一种与传统材料加工方法截然相反的，基于三维CAD模型数据并通过增加材料逐层制造的方式，是一种直接制造与数学模型完全一致的三维物理实体模型的制造方法。3D打印技术内容涵盖了与产品生命周期前端的“快速原型”(Rapid Prototyping, RP)和全生产周期的“快速制造”(Rapid Manufacturing, RM) 相关的所有工艺、技术、设备类别及应用。

3D打印技术在20世纪80年代后期起源于美国，是最近20多年来世界制造技术领域的一次重大突破。它能将已具数学几何模型的设计迅速、自动地物化为具有一定结构和功能的原型或零件。

分层制造技术(Layered Manufacturing Technique, LMT)、实体自由制造(Solid Freeform Fabrication, SEF)、直接CAD制造(Direct CAD Manufacturing, DCM)、桌面制造(Desktop Manufacturing, DTM)、即时制造(Instant Manufacturing, IM)与3D打印技术具有相似的内涵。3D打印技术获得零件的途径不同于传统的材料去除或材料变形方法，而是在计算机控制下，基于离散/堆积原理采用不同方法堆积材料最终完成零件的成形与制造。从成形角度看，零件可视为由点、线或面叠加而成。3D打印就是从CAD模型中离散得到点、面的几何信息，再与成形工艺参数信息结合，控制材料有规律、精确地由点到面，由面到体地堆积出所需零件。从制造角度看，3D打印根据CAD造型生成零件的三维几何信息，转化为相应的指令后传输给数控系统，通过激光束或其他方法使材料逐层堆积而形成原型或零件，无需经过模具设计制作环节，极大地提高了生产效率，大大降低了生产成本，特别是极大地缩短了生产周期，被誉为制造业中的一次革命。

3D打印技术集中体现了CAD、建模、测量、接口软件、CAM、精密机械、CNC数控、激光、新材料和精密伺服驱动等先进技术的精粹，采用了全新的叠加成形法，与传统的去除成形法有本质的区别。3D打印技术是多种学科集成发展的产物。

3D打印不需要刀具和模具，利用三维CAD模型在一台设备上可快速而精确地制造出结构复杂的零件，从而实现“自由制造”，解决传统制造工艺难以加工或无法加工的局限性，并大大缩短了加工周期，而且越是结构复杂的产品，其制造局限性的改善越明显。近20年来，3D打印技术取得了快速发展。3D打印制造原理结合不同的材料和实现工艺，形成了多种类型的3D打印制造技术及设备，目前全世界3D打印设备已多达几十种。3D打印制造技术在消费电子产品、汽车、航空航天、医疗、军工、地理信息、建筑及艺术设计等领域已被大量应用。

1.1.2 3D打印技术的发展史

3D打印技术的发展起源可追溯至20世纪70年代末到80年代初期，美国3M公司的Alan Hebert(1978年)、日本的小玉秀男(1980年)、美国UVP公司的Charles Hull(1982年)和日本的丸谷洋二(1983年)四人各自独立提

出了3D打印的概念。1986年，Charles Hull率先提出了光固化成形(Stereo Lithography Apparatus，SLA)，这是3D打印技术发展的一个里程碑。同年，他创立了世界上第一家3D打印设备的3D Systems公司。该公司于1988年生产出了世界上第一台3D打印机SLA-250。1988年，美国人Scott Crump发明了另外一种3D打印技术——熔融沉积成形(Fused Deposition Modeling，FDM)，并成立了Stratasys公司。现在根据美国材料与试验协会(ASTM)2009年成立的3D打印技术委员会(F42委员会)公布的定义，该种成形工艺已重新命名为熔丝制造成形(Fused Filament Fabrication，FFF)。1989年，C. R. Dechard发明了选择性激光烧结成形(Selective Laser Sintering，SLS)。1993年麻省理工大学教授EmanualSachs发明了一种全新的3D打印技术(Three Dimensional Printing，3DP)。这种技术类似于喷墨打印机，通过向金属、陶瓷等粉末喷射黏结剂的方式将材料逐片成形，然后进行烧结制成最终产品。这种技术的优点在于制作速度快，价格低廉。随后，Z Corporation获得了麻省理工大学的许可，利用该技术来生产3D打印机，“3D打印机”的称谓由此而来。此后，以色列人Hanan Gothait于1998年创办了Objet Geometries公司，并于2000年在北美推出了可用于办公室环境的商品化3D打印机。

近年来，3D打印有了快速的发展。2005年，Z Corporation发布Spectrum Z510，这是世界上第一台高精度彩色添加制造机。同年，英国巴恩大学的Adrian Bowyer发起开源3D打印机项目RepRap，该项目的目标是做出“自我复制机”，通过添加制造机本身，能够制造出另一台添加制造机。2008年，第一版RepRap发布，代号为“Darwin”，它的体积仅一个箱子大小，能够打印自身元件的50%。2008年，美国旧金山一家公司通过添加制造技术首次为客户定制出了假肢的全部部件。2009年，美国Organovo公司首次使用添加制造技术制造出人造血管。2011年，英国南安普敦大学工程师打印出了世界首架无人驾驶飞机，造价5000英镑。2011年，Kor Ecologic公司推出世界上第一辆从表面到零部件都由3D打印机打印制造的车“Urbee”，Urbee在城市时速可达100英里(注：1英里≈1.609千米)，而在高速公路上则可飙升到200英里，汽油和甲醇都可以作为它的燃料。2011年，I. Materialis公司提供以14K金和纯银为原材料的3D打印服务。随后还有新加坡的KINERGY公司、日本的KIRA公司、英国Renishaw等许多公司加入到了3D打印行业。

国内进行3D打印制造技术的研究比国外晚，始于20世纪90年代初，清华大学、华中科技大学、北京隆源自动成形有限公司及西安交通大学先后于1991—1993年间开始研发制造FDM、LOM、SLS及SLA等国产3D打印系统，随后西北工业大学、北京航空航天大学、中北大学、北方恒立科技有限公司、湖南华署公司、上海联泰公司等单位迅速加入3D打印的研发行列之中，这些单位和企业在3D打印原理研究、成形设备开发、材料和工艺参数优化研究等方面做了大量卓有成效的工作，有些单位开发的3D打印设备已接近或达到商品化机器的水平。

随着工艺、材料和装备的日益成熟，3D打印技术的应用范围不断扩大，从制造设备向制造生活产品发展。新兴3D打印技术可以直接制造各种功能零件和生活物品，可以制造电子产品绝缘外壳、金属结构件、高强度塑料零件、劳动工具、橡胶制件、汽车及航空高温用陶瓷部件及各类金属模具等，还可以制造食品、服装、首饰等日用产品。其中，高性能金属零件的直接制造是3D打印技术发展的重要标志之一，2002年德国成功研制了选择性激光熔化3D打印设备(Selective Laser Melting，SLM)，可成形接近全致密的精密金属制件和模具，其性能可达到同质锻件水平，同时电子束熔化(Electron Beam Melting，EBM)、激光近净成形等技术与装备涌现了出来。这些技术面向航空航天、武器装备、汽车/模具及生物医疗等高端制造领域，可直接成形复杂和高性能的金属零部件，解决一些传统制造工艺难以加工甚至无法加工的零部件制造难题。

美国《时代》周刊曾将3D打印制造列为“美国十大增长最快的工业”。如同蒸汽机、福特汽车流水线引发的工业革命，3D打印是“一项将要改变世界的技术”，已引起全球的关注。英国《经济学人》杂志指出，它将“与其他数字化生产模式一起，推动并实现第三次工业革命”，认为“该技术将改变未来生产与生活模式，实现社会化制造”。每个人都可以用3D打印设备开办工厂，这将改变制造商品的方式，并改变世界经济的格局，进而改变人类的生活方式。美国总统奥巴马在2012年提出了发展美国、振兴制造业计划，启动的首个项目就是“3D打印制造”。该项目由国防部牵头，众多制造企业、大专院校以及非营利组织参加，其任务是研发新的3D打印制造技术与产品，使美国成为全球最优秀的3D打印制造中心，使3D打印制造技术成为“基础研发与产品研发”之间的纽带。美国政府已经将3D打印制造技术作为国家制造业发展的首要战略任务予以支持。

3D打印象征着个性化制造模式的出现，在这种模式下，人类将以新的方式合作来进行生产制造，制造过程与管理模式将发生深刻变革，现有制造业格局必将被打破。当前，我国制造业已经将大批量、低成本制造的潜力发挥到极致，未来制造业的竞争焦点将会由创新所主导，3D打印技术就是满足创新开发的有力工具，3D打印技术的应用普及程度将会在一定程度上表征一个国家的创新能力。

1.1.3 3D打印技术的特点和优势

1. 制造更快速、更高效

3D打印制造技术是制作精密复杂原型和零件的有效手段。利用3D打印制造技术由产品CAD数据或从实体反求获得的数据到制成3D原型，一般只需几小时到几十个小时，速度比传统成形加工方法快得多。3D打印制造工艺流程短，全自动，可实现现场制造，因此，制造更快速、更高效。随着互联网的发展，3D打印制造技术还可以用于提供远程制造服务，使资源得到充分利用，用户的需求得到最快的响应。

2. 技术高度集成

3D打印制造技术是CAD、数据采集与处理、材料工程、精密机电加工与CNC数字控制技术的综合体现。设计制作一体化(即CAD/CAM一体化)是3D打印技术的另一个显著特点。在传统的CAD/CAM技术中，由于成形技术的局限，致使设计制造一体化很难实现。而3D打印技术采用的是离散/堆积分层制作工艺，可以实现复杂的成形，因而能够很好地将CAD/CAM结合起来，实现设计与制造的一体化。

3. 堆积制造，自由成形

自由成形的含义有两方面：其一是指可根据3D原型或零件的形状，无需使用工具与模具而自由地成形；其二是指以“从下而上”的堆积方式实现非匀质材料、功能梯度材料的器件更有优势，不受形状复杂程度限制，能够制造任意复杂形状与结构、不同材料复合的3D原型或零件。

4. 制造过程高度柔性化

降维制造(分层制造)把三维结构的物体先分解成二维层状结构，逐层累加形成三维物品。因此，原理上3D打印技术将任何复杂的结构形状转换成简单的二维平面图形，而且制造过程更柔性化。3D打印取消了专用工具，可在计算机管理和控制下制造出任意复杂形状的零件，制造过程中可重新编程、重新组合、连续改变生产装备，并通过信息集成到一个制造系统中。设计者不受零件结构工艺性的约束，可以随心所欲设计出任何复杂形状的零件。可以说，“只有想不到，没有做不到”。

5. 直接制造组合件和可选材料的广泛性

任何高性能难成形的拼合零部件均可通过3D打印方式一次性直接制造出

来，不需要工模具通过组装拼接等复杂过程来实现。3D打印制造技术可采用的材料十分广泛，可采用树脂、塑料、纸、石蜡、复合材料、金属材料或者陶瓷材料的粉末、箔、丝、小块体等，也可是涂覆某种黏结剂的颗粒、板、薄膜等材料。

6. 广泛的应用领域

除了制造3D原型以外，3D打印技术还特别适用于新产品的开发、快速单件及小批量零件的制造、不规则零件或复杂形状零件的制造、模具及模型设计与制造、外形设计检查、装配检验、快速反求与复制，以及难加工材料的制造等。这项技术不仅在制造业的产品造型与模具设计领域，而且在材料科学与工程、工业设计、医学科学、文化艺术、建筑工程、国防及航空航天等领域都有着广阔的应用前景。

综上所述3D打印技术具有的优势如下：

(1) 从设计和工程的角度出发，可以设计更加复杂的零件。

(2) 从制造角度出发，减少设计、加工、检查的工序，可大大缩短新品进入市场的时间。

(3) 从市场和用户角度出发，减少风险，可实时地根据市场需求低成本地改变产品。

1.2 3D打印技术的工作原理

3D打印(Three Dimensional Printing, 3DP)技术是一种依据三维CAD设计数据，将所采用的离散材料(液体、粉末、丝材、片材、板或块料等)自下而上逐层叠加制造所需实体的技术。自20世纪80年代以来，3D打印制造技术逐步发展，期间也被称为材料增材制造(Material Increase Manufacturing)、快速原型(Rapid Prototyping)、分层制造(Layered Manufacturing)、实体自由制造(Solid Freeform Fabrication)、3D喷印(3D Printing)等。这些名称各异，但其成形原理均相同。

3D打印技术不需要刀具和模具，利用三维CAD数据在一台设备上可快速而精确地制造出复杂的结构零件，从而实现“自由制造”，解决传统工艺难加工或无法加工的局限，并大大缩短了加工周期，而且越是复杂结构的产品，其制造速度的提升越显著。3D打印技术集中了CAD、CAM、CNC、激光、新材料和精密伺服驱动等先进技术的精粹，采用了全新的叠加堆积成形法，与传统的去除成形法有本质的区别。

3D 打印技术的基本原理是将所需成形工件的复杂三维形体用计算机软件辅助设计技术(CAD)完成一系列数字切片处理，将三维实体模型分层切片，转化为各层截面简单的二维图形轮廓，类似于高等数学中的微分过程；然后将切片得到的二维轮廓信息传送到 3D 打印机中，由计算机根据这些二维轮廓信息控制激光器(或喷嘴)选择性地切割片状材料(或固化液态光敏树脂，或烧结热熔材料，或喷射热熔材料)，从而形成一系列具有一个微小厚度的片状实体，再采用黏结、聚合、熔结、焊接或化学反应等手段使其逐层堆积叠加成为一体，制造出所设计的三维模型或样件，这个过程类似于高等数学中的定积分模式。因此，3D 打印的原理是三维➡二维➡三维的转换过程。3D 打印技术堆积叠层的基本原理过程如图 1-1 所示。

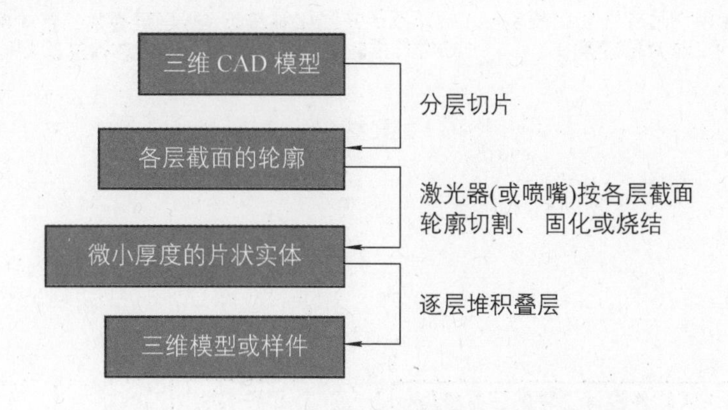

图 1-1　3D 打印技术堆积叠层的基本原理过程图

图 1-2 所示为花瓶的 3D 打印实例过程步骤。首先用计算机软件建立花瓶的 3D 数字化模型图(见图 1-2(a))；然后用切片软件将该立体模型分层切片，得到各层的二维片层轮廓(见图 1-2(b))；之后在 3D 打印机工作台平面上逐层选择性地添加成形材料，并用激光成形头将激光束(或用 3D 打印机的打印头喷嘴喷射黏结剂、固化剂等)对花瓶的片层截面进行扫描，使被扫描的片层轮廓加热或固化，制成一片片的固体截面层(见图 1-2(c))；随后工作台沿高度方向移动一个片层厚度；接着在已固化薄片层上面再铺设第二层成形材料，并对第二层材料进行扫描固化；与此同时，第二层材料还会自动与前一层材料黏结并固化在一起。如此继续重复上述操作，通过连续顺序打印并逐层黏合一层层的薄片材料，直到最后扫描固化完成花瓶的最高一层，就可打印出三维立体的花瓶制件(见图 1-2(d))。

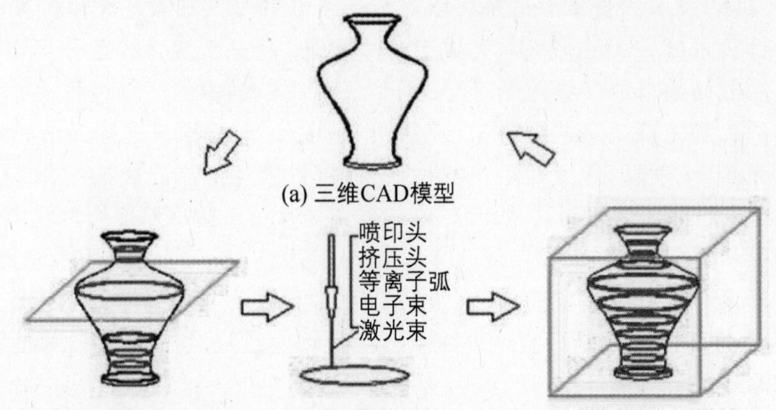

图 1-2　3D打印三维→二维→三维的转换实例

1.3　3D打印技术的全过程

3D打印技术的全过程可以归纳为前处理、打印成形、后处理三个步骤(见图 1-3)。

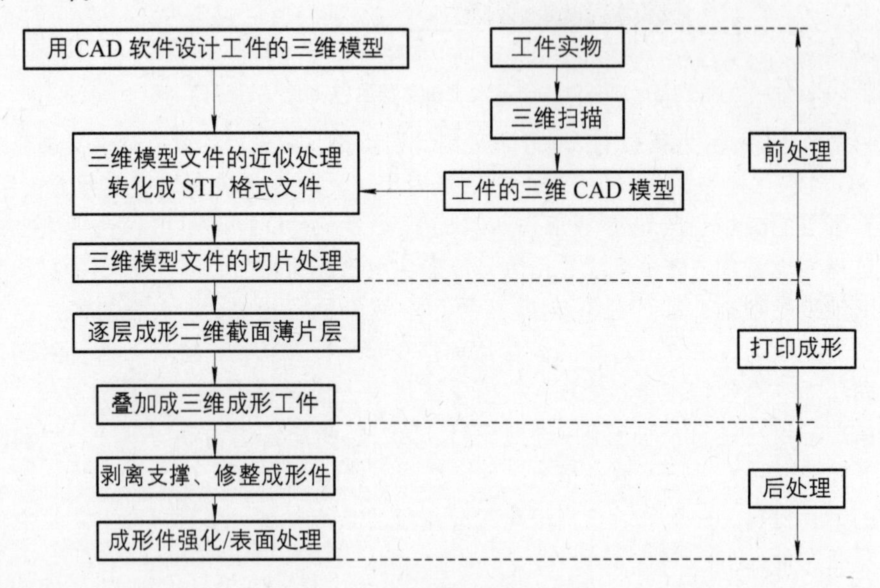

图 1-3　3D打印技术的全过程

1. 前处理

前处理包括工件三维CAD模型文件的建立、三维模型文件的近似处理与切片处理、模型文件STL格式的转化。

2. 打印成形

打印成形是3D打印技术的核心，包括逐层成形制件的二维截面薄片层以及将二维薄片层叠加成三维成形制件。

3. 后处理

后处理是对成形后的3D制件进行的修整，包括从成形制件上剥离支撑结构、成形制件的强化(如后固化、后烧结)和表面处理(如打磨、抛光、修补和表面强化)等。

1.3.1 工件三维CAD模型文件的建立

所有3D打印机(或称快速成形机)都是在制件的三维CAD模型的基础上进行3D打印成形的。建立三维CAD模型有以下两种方法。

1. 用三维CAD软件设计三维模型

用于构造模型的CAD软件应有较强的三维造形功能，即要求其具有较强的实体造形和表面造形功能，后者对构造复杂的自由曲面有重要作用。三维造形软件种类很多，包括UG、Pro/Engineer、Solid Works、3DMAX、MAYA等，其中3DMAX、MAYA在艺术品和文物复制等领域应用较多。

三维CAD软件产生的输出格式有多种，其中常见的有IGES、STEP、DXF、HPGL和STL等，STL格式是3D打印机最常用的格式。

2. 通过逆向工程建立三维模型

用三维扫描仪对已有工件实物进行扫描，可得到一系列离散点云数据，再通过数据重构软件处理这些点云，就能得到被扫描工件的三维模型，这个过程常称为逆向工程或反求工程(Reverse Engineering)。常用的逆向工程软件有多种，如Geomagics Studio、Image Ware和MIMICS等。

在逆向工程中，由实物到CAD模型的数字化包括以下三个步骤(见图1-4)：

(1) 对三维实物进行数据采集，生成点云数据。

(2) 对点云数据进行处理(对数据进行滤波以去除噪声或拼合等)。

(3) 采用曲面重构技术，对点云数据进行曲面拟合，借助三维CAD软件生成三维CAD模型。

图 1-4　由实物到 CAD 模型的步骤

1.3.2　三维扫描仪

工业中常用的三维扫描仪有接触式和非接触式(激光扫描仪或面结构光扫描仪)。常用的三维扫描仪如图 1-5 所示，其中，接触式单点测量仪(见图 1-5(a))的测量精度高，但价格贵，测量速度慢，而且不适合现场工况，仅适合高精度规则几何体机械加工零件的室内检测；非接触式扫描仪(见图 1-5(b)、(c))采用光电方法可对复杂曲面的三维形貌进行快速测量，其精度能满足逆向工程的需要，而且对物体表面不会造成损伤，最适合文物和仿古现场的复制需要。非接触式扫描仪中面结构光面扫描仪的速度比激光线扫描仪快，应用更广泛。

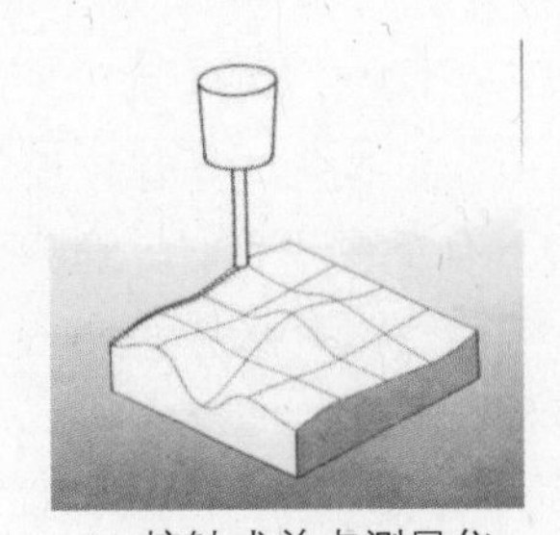
(a) 接触式单点测量仪

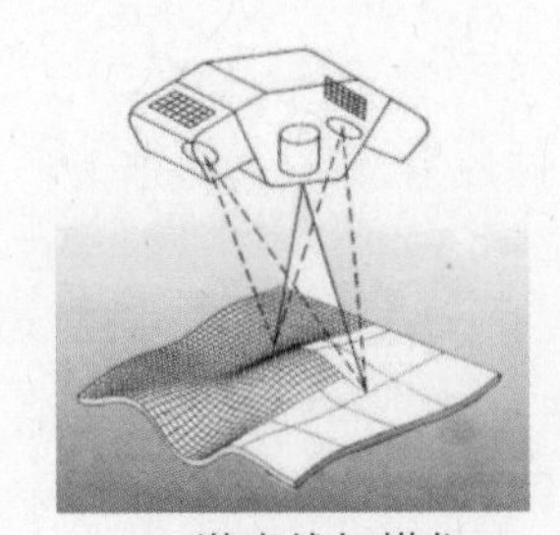
(b) 激光线扫描仪

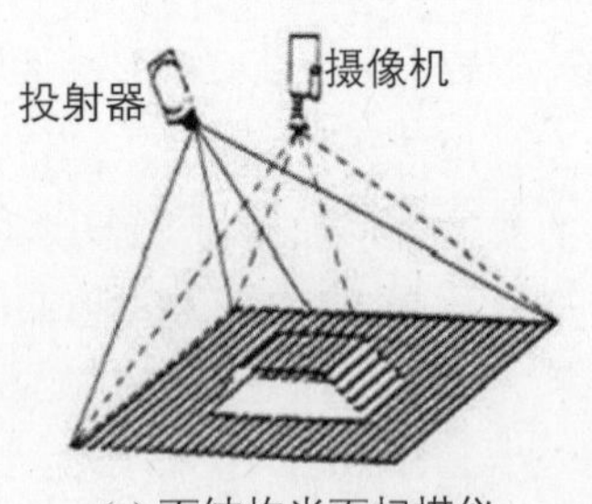

(c) 面结构光面扫描仪

图 1-5　常用三维扫描仪举例

面结构光面扫描仪的原理如图 1-5 所示，使用手持式三维测量仪(见图 1-5(a))对被测物体测量时，使用数字光栅投影装置向被测物体投射一系列编码光栅条纹图像并由单个或多个高分辨率的 CCD 数码相机同步采集经物体表面调制而变形的光栅干涉条纹图像(见图 1-5(b)、(c))，然后用计算机软件对采集得到的光栅图像进行相位计算和三维重构等处理，可在极短时间内获得复杂工件表面完整的三维点云数据。

面结构光面扫描仪测量速度快，测量精度高(单幅测量精度可达 0.03 毫米)，便携性好，设备结构简单，适合于复杂形状物体的现场测量。这种测量仪可广泛应用于常规尺寸(10 mm～5 m)下的工业检测、逆向设计、物体测量和文物复制(见图 1-6)等领域。特别是便携式 3D 扫描仪(见图 1-7)可以快速地对

任意尺寸的物体进行扫描，不需要反复移动被测扫描物体，也不需要在物体上做任何标记。这些优势使3D扫描仪在文物保护中成为不可缺少的工具。

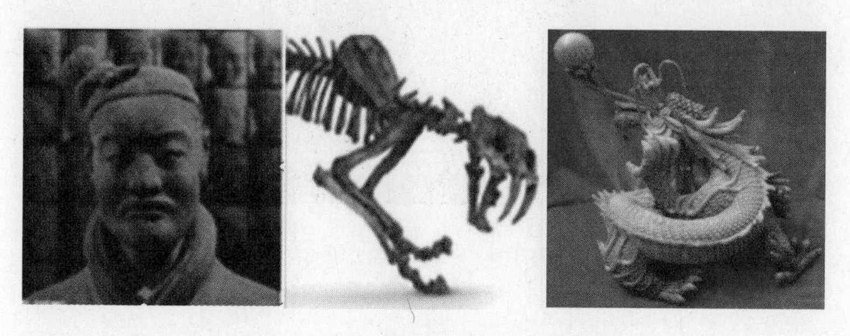

图1-6 文物扫描复制图例

图1-7 便携式3D扫描仪

1.3.3 三维模型文件的近似处理与切片处理

建立三维CAD模型文件之后，还需要对模型进行近似处理或修复近似处理可能产生的缺陷，再对模型进行切片处理，才能获得3D打印机所能接受的模型文件。

1. 三维模型文件的近似处理

由于工件的三维模型上往往有一些不规则的自由曲面，所以成形前必须对其进行近似处理。目前在3D打印中最常见的近似处理方法是将工件的三维CAD模型转换成STL模型，即用一系列小三角形平面来逼近工件的自由曲面。选择不同大小和数量的三角形就能得到不同曲面的近似精度。经过上述近似处理的三维模型称为STL模式，它由一系列相连的空间三角形面片组成(见图1-8)。STL模型对应的文件称为STL格式文件。典型的CAD软件都有转换和输出STL格式文件的接口。

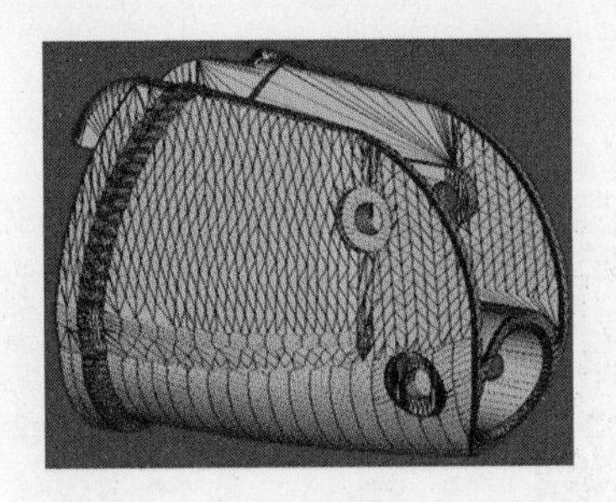

图 1-8 STL 格式模型

2. 三维模型文件的切片处理

3D 打印是按每一层截面轮廓来制作工件的，因此，成形前必须在三维模型上用切片软件沿成形的高度方向，每隔一定的间隔(即切片层高)进行切片处理，以便提取截面的轮廓。层高间隔的大小根据被成形件的精度和生产率的要求选定。层高间隔愈小，精度愈高，但成形时间愈长。层高间隔的范围一般为 0.05～0.5 mm，常用 0.1～0.2 mm，在此取值下，能得到相当光滑的成形曲面。切片层高间隔选定之后，成形时每一层叠加材料的厚度应与之相适应。显然，切片层的间隔不得小于每一层叠加材料的最小厚度。

1.4 3D 打印机的主流机型

3D 打印机是叠加堆积成形制造的核心设备，具有截面轮廓成形和截面轮廓堆积叠加两个功能。根据其扫描头成形原理和成形材料的不同，目前这种设备的种类多达数十种。根据采用材料及对材料处理方式的不同，3D 打印机可分为以下几类，见图 1-9。

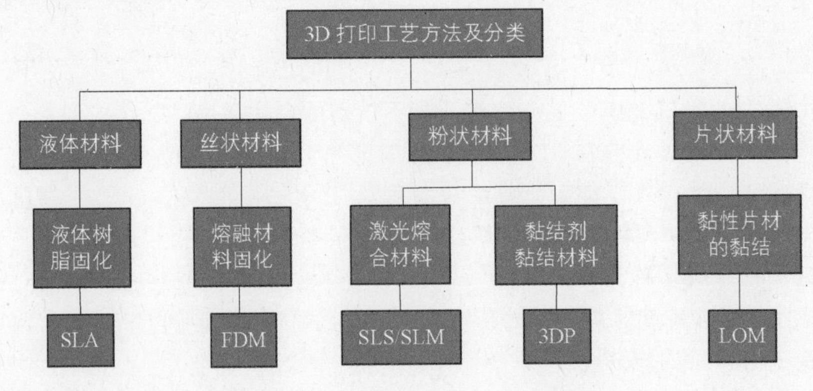

图 1-9 3D 打印技术主要的成形工艺方法及分类

1.4.1 立体光固化打印机

立体光固化(Stereo Lithography Apparatus, SLA)成形工艺(见图1-10)是目前最为成熟和广泛应用的一种3D打印技术。它以液态光敏树脂为原材料，在计算机的控制下用氦-镉激光器或氩离子激光器发射出的紫外激光束，按预定零件各切片层截面的轮廓轨迹对液态光敏树脂逐点扫描，使被扫描部位的光敏树脂薄层产生光聚合(固化)反应，从而形成零件的一个薄层截面。当一层树脂固化完毕后，工作台将下移一个层厚的距离，使在原先固化好的树脂表面上再覆盖一层新的液态树脂，刮板将黏度较大的树脂液面刮平，然后再进行下一层的激光扫描固化，新固化的一层将牢固地黏合在前一层上，如此重复，直至整个工件层叠完毕，得到一个完整的制件模型。因液态树脂具有高黏性，所以其流动性较差，在每层固化之后液面很难在短时间内迅速抚平，会影响实体的成形精度，因而需要采用刮板刮平。采用刮板刮平后所需要的液态树脂将会均匀地涂覆在上一叠层上，经过激光固化后将得到较好精度的制件，也能使成形制件的表面更加光滑平整。当制件完全成形后，把制件取出并把多余的树脂清理干净，再把支撑结构清除，最后把制件放到紫外灯下照射进行二次固化。

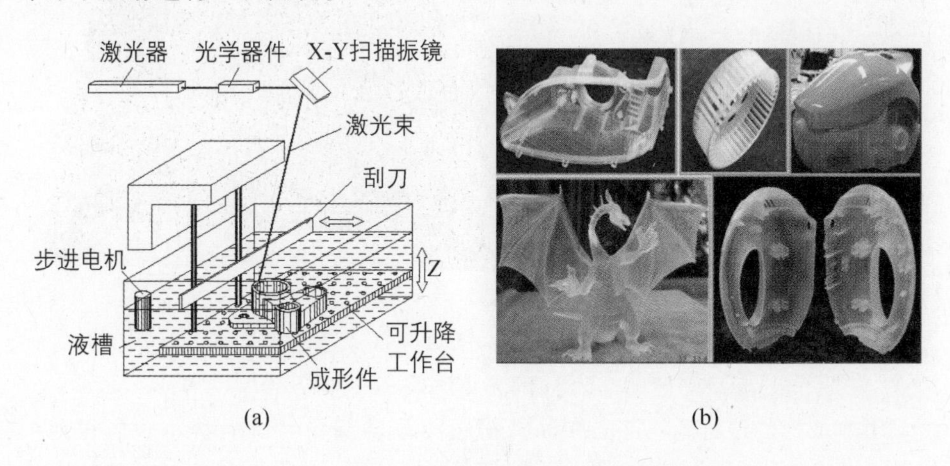

图1-10 SLA的3D打印原理及3D打印制件图

SLA成形技术的优点是：整个打印机系统运行相对稳定，成形精度较高，制件结构轮廓清晰且表面光滑，一般尺寸精度可控制在0.01 mm内，适合制作结构形状异常复杂的制件，能够直接制作面向熔模精密铸造的中间模。但SLA成形尺寸有较大的限制，适合比较复杂的中小型零件的制作，不适合制作体积庞大的制件，成形过程中伴随的物理变化和化学变化可能会导致制件变形，因

此成形制件需要设计支撑结构。

目前，SLA 工艺所支持的材料相当有限(必须是光敏树脂)且价格昂贵。液态光敏树脂具有一定的毒性和气味，材料需要避光保存以防止提前发生聚合反应从而引起成形后的制件变形。SLA 成形的成品硬度很低且相对脆弱。此外，使用 SLA 成形的模型还需要进行二次固化，后期处理相对复杂。

1.4.2 选择性激光烧结打印机

选择性激光烧结(Selective Laser Sintering，SLS)成形工艺最早是由美国德克萨斯大学奥斯汀分校的 C. R. Dechard 于 1989 年在其硕士论文中提出的，随后 C. R. Dechard 创立了 DTM 公司并于 1992 年发布了基于 SLS 技术的工业级商用 3D 打印机 Sinterstation。SLS 成形工艺使用的是粉末状材料，激光器在计算机的操控下对粉末进行扫描照射实现材料的烧结黏合，就这样材料层层堆积实现成形。图 1-11 所示为 SLS 的成形原理及其制件。

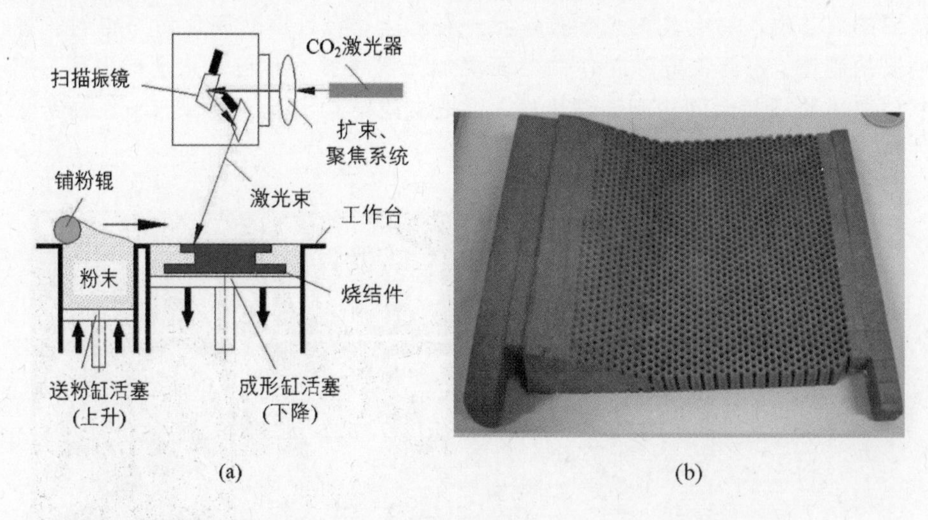

图 1-11 SLS 的成形原理及 3D 打印制件图

SLS 成形的过程为：首先转动铺粉辊或移动铺粉斗等机构将一层很薄的(100～200 μm)塑料粉末(或金属、陶瓷、覆膜砂等)铺平到已成形制件的上表面，数控系统操控激光束按照该层截面轮廓在粉层上进行扫描照射而使粉末的温度升至熔点，从而进行烧结并与下面已成形的部分实现黏结，烧结形成一个层面，使粉末熔融固化成截面形状。当一层截面烧结完后，工作台下降一个层厚，这时再次转动铺粉辊或移动铺粉斗，均匀地在已烧结的粉层表面上再铺一层粉末，进行下一层烧结，如此反复操作直至工件完全成形。未烧结的粉末保

留在原位置起支撑作用，这个过程重复进行直至完成整个制件的扫描、烧结，然后去掉打印制件表面上多余的粉末，并对表面进行打磨、烘干等后处理，便可获得具有一定性能的SLS制件。

在SLS成形的过程中，未经烧结的粉末对模型的空腔和悬臂起着支撑的作用，因此SLS成形的制件不像SLA成形的制件那样需要专门设计支撑结构。与SLA成形工艺相比，SLS成形工艺的优点是：

(1) 原型件机械性能好，强度高。

(2) 无须设计和构建支撑。

(3) 可供选用的材料种类多，主要有石蜡、聚碳酸酯、尼龙、纤细尼龙、合成尼龙、陶瓷，甚至还可以是金属，且成形材料的利用率高(几乎为100%)。

SLS成形工艺的缺点是：

(1) 制件表面较粗糙，疏松多孔。

(2) 需要进行后处理。

采用各种不同成分的金属粉末进行烧结，经渗铜等后处理工艺，特别适合制作功能测试零件，也可直接制造具有金属型腔的模具。采用热塑性塑料粉可直接烧结出“SLS蜡模”，用于单件小批量复杂中小型零件的熔模精密铸造生产，还可以烧结SLS覆膜砂型及砂芯直接浇注金属铸件。

1.4.3 选择性激光熔化打印机

选择性激光熔化(Selective Laser Melting, SLM)是由德国Fraunhofer激光技术研究所在20世纪90年代首次提出的一种能够直接制造金属零件的3D打印技术。它采用了功率较大(100～500 W)的光纤激光器或Ne-YAG激光器，具有较高的激光能量密度和更细小的光斑直径，成形件的力学性能、尺寸精度等均较好，只需简单后处理即可投入使用，并且成形所用的原材料无需特别配制。

SLM的成形原理及3D打印制件如图1-12所示。SLM的成形原理是：采用铺粉装置将一层金属粉末材料铺平在已成形零件的上表面，控制系统控制高能量激光束按照该层的截面轮廓在金属粉层上扫描，使金属粉末完全熔化并与下面已成形的部分实现熔合。当一层截面熔化完成后，工作台下降一个薄层的厚度(0.02～0.03 mm)，然后铺粉装置又在上面铺上一层均匀密实的金属粉末，进行新一层截面的熔化，如此反复，直到成形完成整个金属制件。为防止金属氧化，整个成形过程一般在惰性气体的保护下进行，对易氧化的金属(如Ti、Al等)，还必须进行抽真空操作，以去除成形腔内的空气。

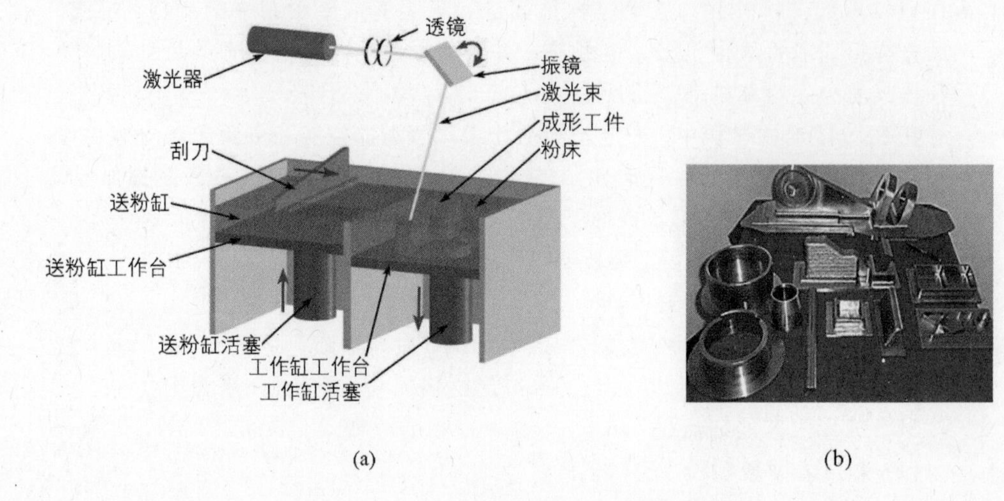

图 1-12　SLM 的成形原理及 3D 打印制件图

SLM 具有以下优点：

(1) 直接制造金属功能件，无需中间工序。

(2) 光束质量良好，可获得细微聚焦光斑，从而可以直接制造出较高尺寸精度和较好表面粗糙度的功能件。

(3) 金属粉末完全熔化，所直接制造的金属功能件具有冶金结合组织，致密度较高，具有较好的力学性能。

(4) 粉末材料可为单一材料，也可为多组元材料，原材料无需特别配制。

同时，SLM 具有以下缺点：

(1) 由于激光器功率和扫描振镜偏转角度的限制，SLM 能够成形的零件尺寸范围有限。

(2) SLM 设备费用贵，机器制造成本高。

(3) 成形件表面质量差，产品需要进行二次加工。

(4) SLM 成形过程中，容易出现球化和翘曲。

1.4.4　熔丝制造成形打印机

图 1-13 所示的 3D 打印机是实现材料挤压式工艺的一类增材制造装备。以前称为“熔融沉积”3D 打印机(Fused Deposition Modeling，FDM)，现在这种打印机被美国 3D 打印技术委员会(F42 委员会)公布的定义称为熔丝制造(Fused Filament Fabrication，FFF)式 3D 打印机。

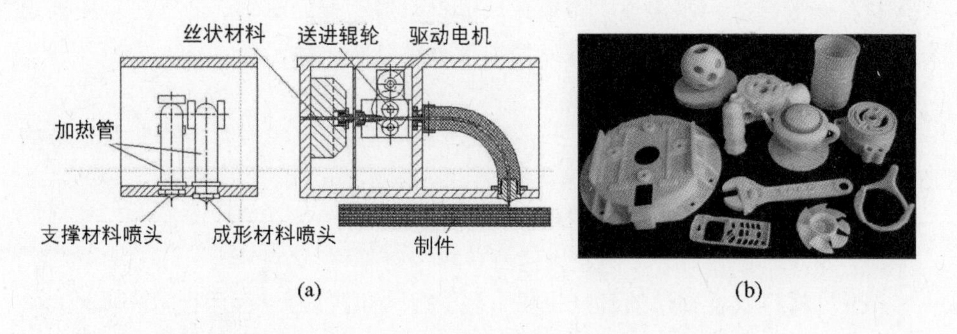

图1-13 FFF(FDM)的成形原理及3D打印制件图

FFF(FDM)具有以下优点：

(1) 不需要价格昂贵的激光器和振镜系统，故设备价格较低。

(2) 成形件韧性也较好。

(3) 材料成本低，且材料利用率高。

(4) 工艺操作简单、易学。

这种成形工艺是将热熔性丝材(通常为ABS或PLA材料)缠绕在供料辊上，由步进电机驱动辊子旋转，丝材在主动辊与从动辊的摩擦力作用下向挤出机喷头送出，由供丝机构送至喷头，在供料辊和喷头之间有一导向套，导向套采用低摩擦系数材料制成以便丝材能够顺利准确地由供料辊送到喷头的内腔。喷头的上方有电阻丝式的加热器，在加热器的作用下丝材被加热到临界半流动的熔融状态，然后通过挤出机把材料从加热的喷嘴挤出到工作台上，材料冷却后便形成了工件的截面轮廓。

采用FFF(FDM)工艺制作具有悬空结构的工件原型时需要有支撑结构的支持，为了节省材料成本和提高成形的效率，新型的FFF(FDM)设备采用了双喷头的设计，一个喷头负责挤出成形材料，另外一个喷头负责挤出支撑材料，而喷头则按截面轮廓信息移动，按照零件每一层的预定轨迹，以固定的速率进行熔体沉积(如图1-13(a)所示)，喷头在移动过程中所喷出的半流动材料沉积固化为一个薄层。每完成一层，工作台下降一个切片层厚，再沉积固化出另一新的薄层，进行叠加沉积新的一层，如此反复，一层层成形且相互黏结，便堆积叠加出三维实体，最终实现零件的沉积成形。FFF(FDM)成形工艺的关键是保持半流动成形材料的温度刚好在熔点之上(比熔点高1℃左右)。其每一层片的厚度由挤出丝的直径决定，通常是0.25～0.50 mm。

一般来说，用于成形件的丝材相对更精细，而且价格较高，沉积效率也较低；用于制作支撑材料的丝材会相对较粗，而且成本较低，但沉积效率较高。

支撑材料一般会选用水溶性材料或比成形材料熔点低的材料，这样在后期处理时通过物理或化学的方式就能很方便地把支撑结构去除干净。

FFF(FDM)的优点如下：

(1) 操作环境干净、安全，可在办公室环境下进行(没有毒气或化学物质的危险，不使用激光)。

(2) 工艺干净、简单，易于操作且不产生垃圾。

(3) 表面质量较好，可快速构建瓶状或中空零件。

(4) 原材料以卷轴丝的形式提供，易于搬运和快速更换(运行费用低)。

(5) 原材料费用低，材料利用率高。

(6) 可选用多种材料，如可染色的 ABS 和医用 ABS、PC、PPSF、蜡丝、聚烯烃树脂丝、尼龙丝、聚酰胺丝和人造橡胶等。

FFF(FDM)的缺点如下：

(1) 精度较低，难以构建结构复杂的零件，成形制件精度低，不如 SLA 工艺，最高精度不高。

(2) 与截面垂直的方向强度低。

(3) 成形速度相对较慢，不适合构建大型制件，特别是厚实制件。

(4) 喷嘴温度控制不当容易堵塞，不适宜更换不同熔融温度的材料。

(5) 悬臂件需加支撑，不宜制造形状复杂构件。

FFF(FDM)适合制作薄壁壳体原型件(中等复杂程度的中小原型)，该工艺适合于产品的概念建模及形状和功能测试。例如，用性能更好的 PC 和 PPSF 代替 ABS，可制作塑料功能产品。

1.4.5 分层实体打印机

分层实体制造(Laminated Object Manufacturing，LOM)成形(见图 1-14)是将底面涂有热熔胶的纸卷或塑料胶带卷等箔材通过热压辊加热黏结在一起，位于上方的激光切割器按照 CAD 分层模型所获数据，用激光束或刀具对纸或箔材进行切割，首先切割出工艺边框和所制零件的内外轮廓，然后将不属于原型本体的材料切割成网格状，接着将新的一层纸或胶带等箔材再叠加在上面，通过热压装置和下面已切割层黏合在一起，激光束或刀具再次切割制件轮廓，如此反复逐层切割、黏合、切割……直至整个模型制作完成。通过升降平台的移动和纸或箔材的送进可以切割出新的层片并将其与先前的层片黏结在一起，这样层层叠加后得到一个块状物，最后将不属于原型轮廓形状的材料小块剥除，就获得了所需的三维实体。上面所说的箔材可以是涂覆纸(单边涂有黏结剂覆层的纸)、涂覆陶瓷箔、金属箔或其他材质基的箔材。

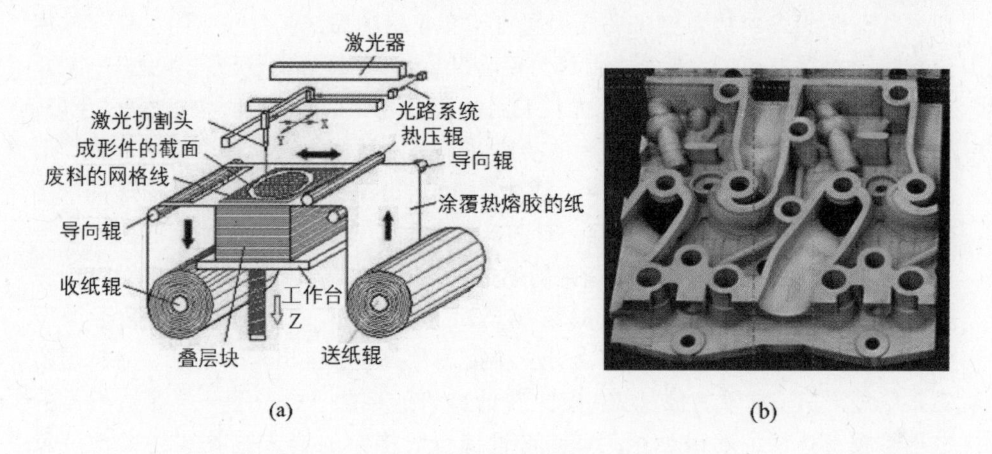

图 1-14 LOM 的成形原理及 3D 打印制件图

LOM 成形的优点是：

(1) 无需设计和构建支撑。

(2) 只需切割轮廓，无需填充扫描整个断面。

(3) 制件有较高的硬度和较好的力学性能(与硬木和夹布胶木相似)。

(4) LOM 制件可像木模一样进行胶合，可进行切削加工和用砂纸打磨、抛光，提高表面光滑程度。

(5) 原材料价格便宜，制造成本低。

LOM 成形的缺点是：

(1) 材料利用率低，且种类有限。

(2) 分层结合面连接处台阶明显，表面质量差。

(3) 原型易吸湿膨胀，层间的黏合面易裂开，因此成形后应尽快对制件进行表面防潮处理并刷防护涂料。

(4) 制件内部废料不易去除，处理难度大。

综上分析，LOM 成形工艺适合于制作大中型、形状简单的实体类原型件，特别适用于直接制作砂型用的铸模(替代木模)。图 1-14(a)所示为以单面涂有热熔胶的纸为原料、并用 LOM 成形的火车机车发动机缸盖模型。

目前该成形技术的应用已被其他成形技术(如 SLS、3DP 等成形技术)所取代，故 LOM 的应用范围已渐渐缩小。

1.4.6 黏结剂喷射打印机

黏结剂喷射打印机(Three Dimensional Printing，3DP)利用喷墨打印头逐点喷射黏结剂来黏结粉末材料的方法制造原型件。3DP 的成形过程与 SLS 相

似，只是将 SLS 中的激光束变成喷墨打印头喷射的黏结剂(“墨水”)，其工作原理类似于喷墨打印机，是形式上最为贴合“3D 打印”概念的成形技术之一。3DP 工艺与 SLS 工艺也有类似的地方，采用的都是粉末状的材料，如陶瓷、金属、塑料，但与其不同的是 3DP 使用的粉末并不是通过激光烧结黏合在一起的，而是通过喷头喷射黏结剂将工件的截面“打印”出来并一层层堆积成形的。图 1－15 所示为 3DP 的成形原理及 3D 打印制件。工作时 3DP 设备会把工作台上的粉末铺平，接着喷头会按照指定的路径将液态黏结剂(如硅溶胶)喷射在预先粉层上的指定区域中，上一层黏结完毕后，成形缸下降一个距离(等于层厚 0.013～0.1 mm)，供(送)粉缸上升一个层厚的高度，推出若干粉末，并被铺粉辊推到成形缸，铺平并被压实。喷头在计算机的控制下，按下一层建造截面的成形数据有选择地喷射黏结剂。铺粉辊铺粉时多余的粉末被收集到集粉装置中。如此周而复始地送粉、铺粉和喷射黏结剂，最终完成一个三维粉体的黏结(即制造出成形制件)。粉床上未被喷射黏结剂的地方仍为干粉，在成形过程中起支撑作用，且成形结束后比较容易去除。

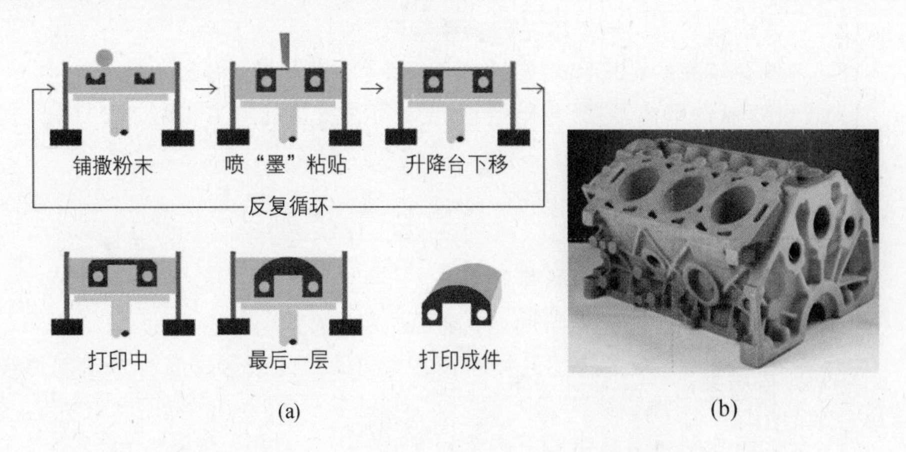

图 1－15　3DP 的成形原理及 3D 打印制件图

3DP 的优点是：

(1) 成形速度快，成形材料价格低。

(2) 在黏结剂中添加颜料，可以制作彩色原型，这是该工艺最具竞争力的特点之一。

(3) 成形过程不需要支撑，多余粉末的去除比较方便，特别适合于做内腔复杂的原型。

(4) 适用于 3DP 成形的材料种类较多，并且还可制作复合材料或非均匀材质材料的零件。

3DP 的缺点是强度较低，只能做概念型模型，而不能做功能性试验件。

与 SLS 技术相同，3DP 技术可使用的成形材料和能成形的制件较广泛，在制造多孔的陶瓷部件(如金属陶瓷复合材料多孔坯体或陶瓷模具等)方面具有较大的优越性，但制造致密的陶瓷部件具有较大的难度。

1.5　3D 打印技术的应用与发展

新产品开发中，总要经过对初始设计的多次修改，才能真正推向市场，而修改模具的制作是一件费钱费时的事情，拖延时间就可能失去市场。虽然利用电脑虚拟技术可以非常逼真地在屏幕上显示所设计的产品外观，但视觉上再逼真，也无法与实物相比。由于市场竞争激烈，因此产品开发周期直接影响着企业的生死存亡，故客观上需要一种可直接将设计数据快速转化为三维实体的技术。3D 打印技术直接将电脑数据转化为实体，实现了“心想事成”的梦想。其主要的应用领域如图 1－16 所示。

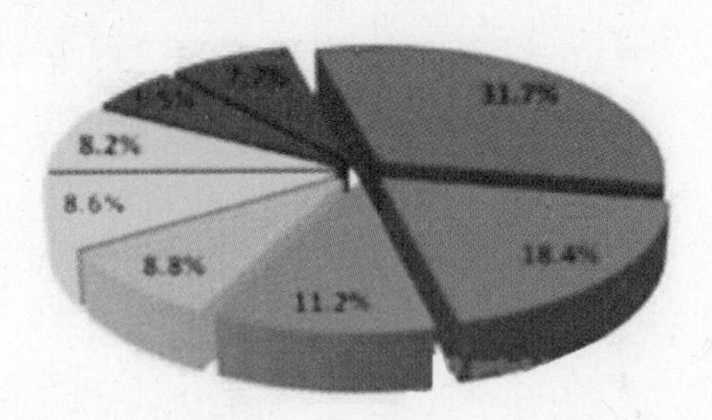

- 紫色(机动车辆、汽车31.7%)
- 蓝色(消费品18.4%)
- 绿色(经营产品11.2%)
- 黄绿色(医药8.8%)
- 黄色(医疗8.6%)
- 泥巴黄(航空8.2%)
- 红色(政府军队5.5%)
- 酱红色(其他7.7%)

图 1－16　3D 打印的主要应用领域

从制造目标来说，3D 打印主要用于快速概念设计及功能测试原型制造、快速模具原型制造、快速功能零件制造。但大多数 3D 打印作为原型件进行新产品开发和功能测试等。快速直接制模及快速功能零件制造是 3D 打印面临的一个重大技术难题，也是 3D 打印技术发展的一个重要方向。根据不同的制造目标 3D 打印技术将相对独立发展，更加趋于专业化。

1.5.1　3D 打印技术的应用

1. 设计方案评审

借助于 3D 打印的实体模型，不同专业领域(设计、制造、市场、客户)的人员可以对产品实现方案、外观、人机功效等进行实物评价。

2. 制造工艺与装配检验

借助3D打印的实体模型结合设计文件，可有效指导零件和模具的工艺设计，或进行产品装配检验，避免结构和工艺设计错误。

3. 功能样件制造与性能测试

3D打印制造的实体功能件具有一定的结构性能，同时利用3D打印技术可直接制造金属零件，或制造出熔（蜡）模，再通过熔模铸造金属零件，甚至可以打印制造出特殊要求的功能零件和样件等。

4. 快速模具小批量制造

以3D打印制造的原型作为手模板，制作硅胶、树脂、低熔点合金等快速模具，可便捷地实现几十件到数百件数量零件的小批量制造。

5. 建筑总体与装修展示评价

利用3D打印技术可实现模型真彩及纹理打印的特点，可快速制造出建筑的设计模型，进行建筑总体布局、结构方案的展示和评价。3D打印建筑模型快速、成本低、环保，同时制作精美，完全合乎设计者的要求，同时又能节省大量材料。

6. 科学计算数据实体可视化

计算机辅助工程、地理地形信息等科学计算数据可通过3D彩色打印，实现几何结构与分析数据的实体可视化。

7. 医学与医疗工程

通过医学CT数据的三维重建技术，利用3D打印技术制造器官、骨骼等实体模型，可指导手术方案设计，也可打印制作组织工程原型件和定向药物输送骨架等。

8. 首饰及日用品快速开发与个性化定制

不管是个性笔筒，还是有浮雕的手机外壳，抑或是世界上独一无二的戒指，都有可能通过3D打印机打印出来。

9. 动漫艺术造型评价

借助于动漫艺术造型评价可实现动漫模型的快速制造，指导和评价动漫造型设计。

10. 电子器件的设计与制作

利用3D打印可在玻璃、柔性透明树脂等基板上，设计制作电子器件和光学器件，如RFID、太阳能光伏器件、OLED等。

11. 文物保护

用3D打印机可以打印复杂文物的替代品，以保护博物馆里原始作品不受环境或意外事件的伤害，同时复制品也能将艺术或文物的影响传递给更多更远的人。

12. 食品3D打印机

目前已可以用3D打印机打印个性化巧克力食品。

1.5.2 3D打印技术与行业结合的优势

1. 3D打印与医学领域

(1) 为再生医学、组织工程、干细胞和癌症等生命科学与基础医学研究领域提供新的研究工具。

采用3D打印来创建肿瘤组织的模型，可以帮助人们更好地理解肿瘤细胞的生长和死亡规律，这为研究癌症提供了新的工具。苏格兰研究人员利用一种全新的3D打印技术，首次用人类胚胎干细胞进行了3D打印，由胚胎干细胞制造出的三维结构可以让我们创造出更准确的人体组织模型，这对于试管药物研发和毒性检测都有着重要意义。从更长远的角度看，这种新的打印技术可以为人类胚胎干细胞制作人造器官铺平道路。

(2) 为构建和修复组织器官提供新的临床医学技术，推动外科修复整形、再生医学和移植医学的发展。

3D打印的器官不但解决了供体不足的问题，而且避免了异体器官的排异问题，未来人们想要更换病变的器官将成为一种常规治疗方法。

(3) 开发全新的高成功率药物筛选技术和药物控释技术。

利用生物打印出药物筛选和控释支架，可为新药研发提供新的工具。美国麻省理工学院利用3DP工艺和聚甲基丙烯酸甲(PMMA)材料制备了药物控释支架结构，对其生物相容性、降解性和药物控释性能进行了测试。英国科学家使用热塑性生物可吸收材料采用激光烧结3D打印技术制造出的气管支架已成功植入婴儿体内。

(4) 制造“细胞芯片”，在设计好的芯片上打印细胞，为功能性生物研发做铺垫。

目前，组织工程面临的挑战之一就是如何将细胞组装成具有血管化的组织或器官，而使用生物3D打印技术制造“细胞芯片”，并使细胞在芯片上生长，为“人工眼睛”、“人工耳朵”和“大脑移植芯片”等功能性生物研发做铺垫，帮助患有退化性眼疾的病人。

(5) 定制化、个性化假肢和假体的3D打印为广大患者带来福音。

根据每个人个体的不同，针对性地打造植入物，以追求患者最高的治疗效果。假肢接受腔、假肢结构和假肢外形的设计与制造精度直接影响着患者的舒适度和功能。2013年美国的一名患者成功接受了一项具有开创性的手术，用3D打印头骨替代75%的自身头骨。这项手术中使用的打印材料是聚醚酮，为患者定制的植入物两周内便可完成。目前国内3D打印骨骼技术也已取得初步成就，在脊柱及关节外科领域研发出了几十个3D打印脊柱外科植入物，其中颈椎椎间融合器、颈椎人工椎体、人工髋关节、人工骨盆(见图1-17)等多个产品已经进入临床观察阶段。实验结果非常乐观，骨长入情况非常好，在很短的时间内，就可以看到骨细胞已经长进到打印骨骼的孔隙里面，2013年被正式批准进入临床观察阶段。

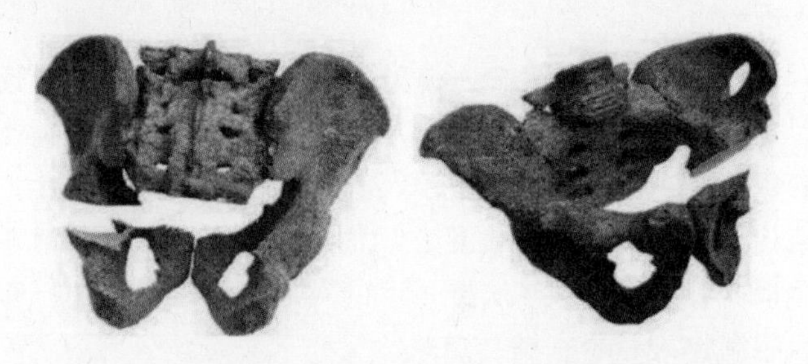

图1-17　根据患者CT数据制作的人工骨盆3D打印原型件

(6) 3D打印技术开发的手术器械提供了更直观的新型医疗模式。

3D打印技术能够把虚拟的设计更直接、更快速地转化为现实。在一些复杂的手术(如移植手术)中，医生需要对手术过程进行模拟。以前，这种模拟主要基于图像——用CT或者PET检查获取病人的图像，利用3D打印技术，就可以直接做出和病人数据一模一样的结构，这对手术的影响将是巨大的。

2. 3D打印与制造领域

3D打印技术在制造业的应用为工厂进行小批量生产提供了可能性，也为人们订购满足于自身需求的产品提供了可能性。另外，3D打印技术在制造业上的广泛应用也大大降低了工厂的生产周期和成本，提高了生产效率，在减少手工工人数量的同时又保证了生产的精确度和高效率。随着3D打印材料性能的提高、打印工艺的日渐完善，3D打印在制造业领域的应用将会越来越广泛、普遍。3D打印与制造业结合有以下优势：

1) 使用3D打印技术可加快设计过程

在设计阶段，产品停留的时间越长，进入市场的时间也越晚，这意味着公

司丢失了潜在利润。随着将新产品迅速推向市场，会带来越来越多的压力，在概念设计阶段，公司就需要做出快速而准确的决定。材料选择、制造工艺和设计水平成为决定总体成本的大部分因素。通过加快产品的试制，3D 打印技术可以优化设计流程，以获得最大的潜在收益。3D 打印可以加快企业决定一个概念是否值得开发的过程。

2）用 3D 打印生成原型可节省时间

在有限的时间里，3D 打印能够有更快的反复过程，工程师可以更快地看到设计变化所产生的结果。企业内部 3D 打印可以消除由于外包服务而造成的各种延误(如运输延迟)。

3）用 3D 打印可进行更有效的设计，增加新产品成功的机会

3D 打印技术在产品开发中的关键作用和重要意义是很明显的，它不受复杂形状的任何限制，可迅速地将显示于计算机屏幕上的设计变为可进一步评估的实物。根据原形可对设计的正确性、造型合理性、可装配和干涉进行具体的检验。对形状较复杂而贵重的零件(如模具)，如直接依据 CAD 模型不经原型阶段就进行加工制造，这种简化的做法风险极大，往往需要多次反复才能成功，不仅延误开发进度，而且往往需花费更多的资金。通过原型的检验可将此种风险减到最低限度。3D 打印可以增加新产品成功的机会，因为有更全面的设计评估和迭代过程。迭代优化的方法要有更快的周期，这是不延长设计过程的唯一方法。

一般来说，采用 3D 打印技术进行快速产品开发可减少产品开发成本的 30%～70%，减少开发时间。图 1－18(a)所示为广西玉林柴油机集团开发研制的 KJ100 四气门六缸柴油发动机缸盖铸件，其特点是：① 外形尺寸大，长度接近于 1 米(964.7 mm×247.2 mm×133 mm)；② 砂芯品种多且形状复杂，全套缸盖砂芯包括底盘砂芯、上水道芯、下水道芯、进气道芯、排气道芯、盖板芯，共计 6 种砂芯(见图 1－18(b)～(f)；③ 铸件壁薄(最薄处仅 5 mm)，属于难度很大的复杂铸件。该铸件用传统开模具方法制造需半年时间，模具费约 200 多万元，并且不能保证手板模具不需要修改的情况；而采用 3D 打印技术仅 1 周多时间就可打印出全套砂芯，装配后成功浇注，铸造出合格的 RuT－340 缸盖铸件。这样该发动机可提前半年投入市场，获得丰厚的经济效益。

4）采用 3D 打印技术可降低产品设计成本

对 3D 打印系统进行评估时，要考虑设施的要求、运行系统需要的专门知识、精确性、耐用性、模型的尺寸、可用的材料、速度，当然还有成本。3D 打印提供了在大量设计迭代中极具成本效益的方式，并在整个开发过程中的关键开始阶段便能获得及时反馈。快速改进形状、配合和功能的能力大大减少了生产

(a) KJ100四气门六缸柴油发动机缸盖铸件

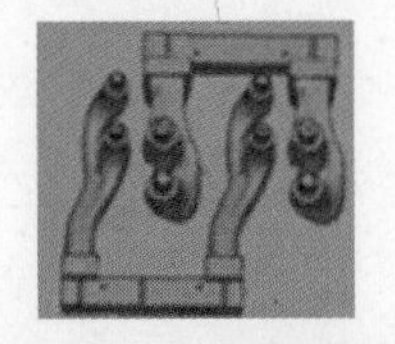

(b) 进、排气道砂芯

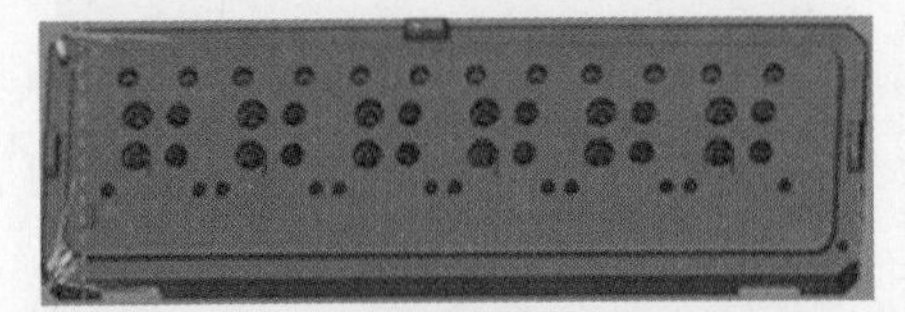

(c) 底盘砂芯

(d) 下水道砂芯

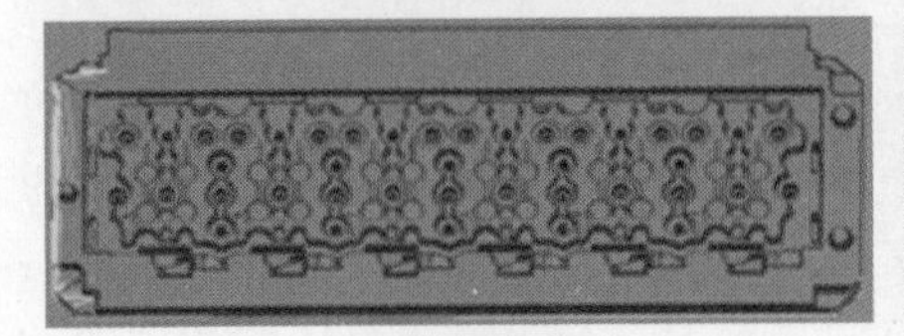

(e) 底盘砂芯

(f) 下水道砂芯

图 1-18　KJ100 四气门六缸柴油发动机缸盖铸件及用 SLS 3D 打印的六缸缸盖全套砂芯实例

成本和上市时间。这为那些把 3D 打印作为设计过程一部分的公司建立了一个独有的竞争优势。低成本将继续扩大 3D 打印的市场，特别是在中小型企业和学校，这些打印机的速度、一致性、精确性和低成本将帮助企业缩短产品进入市场的时间，保持竞争优势。

3. 3D 打印与快速制模领域

用 3D 打印技术直接制作金属模具是当前技术制模领域研发的热点，下面介绍其中的工艺。

1) 金属粉末烧结成形

金属粉末烧结成形就是用 SLS 法将金属粉末直接烧结成模具，比较成熟的工艺仍是 DTM 公司的 Rapid Tool 和 EOS 公司的 Direct Tool。德国 EOS 公司在 Direct Tool 工艺的基础上推出了所谓的直接金属激光烧结(Direct Metal Laser Sintering, DMLS)系统，所使用的材料为新型钢基粉末，这种粉末的颗粒很细，烧结的叠层厚度可小至 20 μm，因而烧结出的制件精度和表面质量都较好，制件密度为钢的 95%～99%，现已实际用于制造注塑模和压铸模等模具，经过短时间的微粒喷丸处理便可使用。如果模具精度要求很高，可在烧结

成形后再进行高速精铣。

2）金属薄（箔）材叠层成形

金属薄(箔)材叠层成形是LOM法的进一步发展，其材料不是纸，而是金属(钢、铝等)薄材。它是用激光切割或高速铣削的方法制造出层面的轮廓，再经由焊接或黏结叠加为三维金属制件。比如，日本先用激光将两块表面涂敷低熔点合金的厚度为0.2 mm的薄钢板切割成层面的轮廓，再逐层互焊成为钢模具。金属薄材毕竟厚度不会太小，因此台阶效应较明显，如材料为薄膜便可使成形精度得到改进。一种称为CAM-LEM的快速成形工艺就是用黏结剂黏结金属或陶瓷薄膜，再用激光切割出制件的轮廓或分割块，制出的半成品还需放在炉中烧结，使其达到理论密度的99%，同时会引起18%的收缩。

3）基于3D技术的间接快速制模法

基于3D技术的间接快速模具制造可以根据所要求模具寿命的不同，结合不同的传统制造方法来实现。

(1) 对于寿命要求不超过500件的模具，可使用以3D打印原型件作母模、再浇注液态环氧树脂与其他材料(如金属粉)的复合物而快速制成的环氧树脂模。

(2) 若仅仅生产20～50件注塑模，则可使用由硅橡胶铸模法(以3D打印原型件为母模)制作的硅橡胶模具。

(3) 对于寿命要求在几百件至几千件(上限为3000～5000件)的模具，常使用由金属喷涂法或电铸法制成的金属模壳(型腔)。金属喷涂法是在3D打印原型件上喷涂低熔点金属或合金(如用电弧喷涂Zn－Al伪合金)，待沉积到一定厚度形成金属薄壳后，再背衬其他材料，然后去掉原型便得到所需的型腔模具。电铸法与此法类似，不过它不是用喷涂而是用电化学方法通过电解液将金属(镍、铜)沉积到3D打印原型件上形成金属壳，所制成的模具寿命比金属喷涂法更长，但其成形速度慢，且对于非金属原型件的表面尚需经过导电预处理(如涂导电胶使其带电)才能进行电铸。

(4) 对于寿命要求为成千上万件(3000件以上)的硬质模具，主要是钢模具，常用3D打印技术快速制作石墨电极或铜电极，再通过电火花加工法制造出钢模具。比如，以3D打印原型件作母模，翻制由环氧树脂与碳化硅混合物构成整体研磨模(研磨轮)，再在专用的研磨机上研磨出整体石墨电极。

图1－19所示为子午线轮胎3D打印快速制模的过程实例(见图1－19)。图中，图(a)是用3D打印轮胎原型，图(b)为轮胎原型翻制的硅橡胶凹模，图(c)是用硅橡胶凹模翻制的陶瓷型，图(d)是将铁水浇注到陶瓷型里面，冷凝后而获得的轮胎的合金铸铁模。

(a)
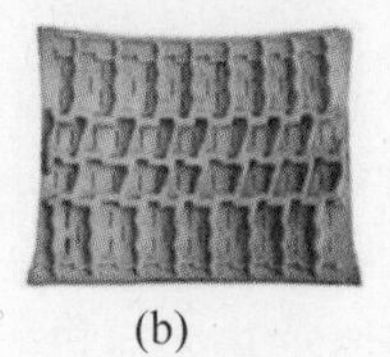
(b)
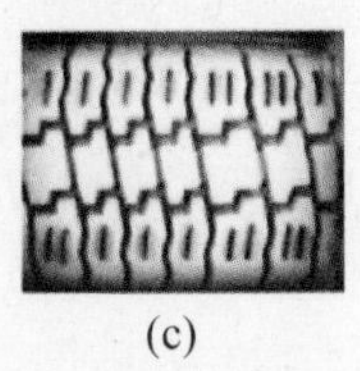
(c)
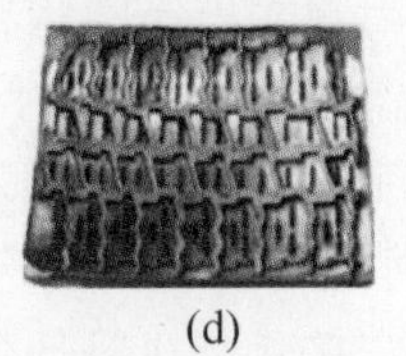
(d)

图 1-19 轮胎合金铸铁模的快速制模过程

图 1-20 所示为开关盒 3D 打印快速制模的过程实例(见图 1-20)。首先用 LOM 3D 打印制造开关盒原型凸模(见图 1-20(a)),经打磨、抛光等表面处理并在表面喷镀导电胶,然后将喷镀导电胶的凸模原型进行电铸铜,形成金属薄壳,再用板料将薄壳四周围成框,之后向其中注入环氧树脂等背衬材料,便可得到铜质面、硬背衬的开关盒凹模(见图 1-20(b))。

(a) LOM3D打印原型件

(b) 电铸铜后的模具

图 1-20 LOM 3D 打印开关盒模具实例

4. 3D 打印与教育领域

当今世界已经进入信息时代,人们的思维方式、生活方式、工作方式及教育方式等都随之改变。教育是富国之本、强国之本,而高等教育是培养现代化科技人才的主要渠道。教育的信息化给人们的学习带来了前所未有的转变,新的教育理念和新的教育环境正逐步塑造着教学和学习的新形态。3D 打印技术所具有的特性为教学提供了新的路径,其在高等教育中的应用主要有以下几个方面。

1) 方便打造教学模具

随着 3D 打印的成本越来越低,在教育领域可以运用 3D 打印打造教学模具来进行教学,逆袭传统的制造业。3D 打印可以应用教学模拟进行演示教学和探索教学,也可以让学生参与到互动式游戏教学中。例如,在仿真教学和试验中,3D 打印出来的物品可以模拟课堂实验中难以实现或者要耗费很大成本才能实现的各项试验,如造价昂贵的大型机械实验等。3D 打印最大的特点就是只要拥有三维数据和设计图,便可以打造出想要的模型,生产周期短,不用大规模的批量生产,可以节约成本。利用 3D 打印可以丰富教学内容,将一些实

验搬到课堂中进行，通过观摩 3D 打印的实验物品，学生可以反复练习操作，不必购置昂贵的实验设备。和虚拟实验三维设计相比，它的优势在于可以进行实际的操作和观察，更为直观。3D 打印更擅长制造复杂的结构，给学生以直观的教学，使学生身临其境，更好地完成对知识的认知。

2）改善老师的教学方法

3D 打印综合运用虚拟现实、多媒体、网络等技术，可以在课堂和实验中展示传统的教学模式中无法实现的教学过程。运用 3D 打印可以使教师等教育工作者逐渐养成用数字时代的思维方式去培养学生的行为方式与习惯，使课堂教学更加丰富多彩，有利于加强互动式教学，提高课堂效率。3D 打印的逼真效果更加贴近现实的情景，将会给现阶段教育技术的发展水平带来一次重大飞跃。3D 打印可以改善教师的教学方法，把一些抽象的东西打印出来进行讨论，激发学生无限的想象。教师把 3D 打印物品结合到讲课内容中，通过对模型的讲解，了解到学生对哪些问题不懂，从台前走到学生中间，帮学生解决学习中的困难，学生成为生活中的主体、教学活动的中心以及教师关注的重点。

3）3D 打印激发学生的兴趣

通过 3D 打印模型的刺激，以及学生的内心加工，学生会迸发出自己的想法，提高创造力。让学生观察模拟物品，还可以激发学生的好奇心，提高学生的设计能力、动手能力，激发学生的兴趣，使得课堂主动、具体、富于感染力。3D 打印技术在教育领域的应用增加了学生获得知识的学习方法，学生可以把自己的设计思想打印出来，并验证这个模型是否符合自己的设想。

1.5.3 3D 打印技术在国内的发展现状

与发达国家相比，我国 3D 打印技术发展虽然在技术标准、技术水平、产业规模与产业链方面还存在大量有待改进的地方，但经过多年的发展，已形成以高校为主体的技术研发力量布局，若干关键技术取得了重要突破，产业发展开始起步，形成了小规模产业市场，并在多个领域成功应用，为下一步发展奠定了良好的基础。

1. 初步建立了以高校为主体的技术研发力量体系

自 20 世纪 90 年代初开始，清华大学、华中科技大学、西安交通大学、北京航空航天大学、西北工业大学等高校相继开展了 3D 打印技术研究，成为我国开展 3D 打印技术的主要力量，推动了我国 3D 打印技术的整体发展。北京航空航天大学“大型整体金属构件激光直接制造”教育部工程研究中心的王华明团队、西北工业大学凝固技术国家重点实验室的黄卫东团队，主要开展金属材料激光净成形直接制造技术研究。清华大学生物制造与快速成形技术北京市重点实验室颜永年团队主要开展熔融沉积制造技术、电子束融化技术、3D 生物打印技术研究。华中科技大学材料成形与模具技术国家重点实验室史玉升团队主要从事塑性成形制造技术与装备、快速成形制造技术与装备、快速三维测量技术与装备等静压近净成形技术研究。西安交通大学制造系统工程国家重点实验室以及快速制造技术及装备国家工程研究中心的卢秉恒院士团队主要从事高分子材料光固化 3D 打印技术及装备研究。

2. 整体实力不断提升，金属 3D 打印技术世界领先

我国增材制造技术从零起步，在广大科技人员的共同努力下，技术整体实力不断提升，在 3D 打印的主要技术领域都开展了研究，取得了一大批重要的研究成果。目前高性能金属零件激光直接成形技术世界领先，并攻克了金属材料 3D 打印的变形、翘曲、开裂等关键问题，成为首个利用选择性激光熔化(SLM)技术制造大型金属零部件的国家。北京航空航天大学已掌握使用激光快速成形技术制造超过 12 m^2 的复杂钛合金构件的方法。西北工业大学的激光立体成形技术可一次打印超过 5 m 的钛金属飞机部件，构件的综合性能达到或超过锻件。北京航空航天大学和西北工业大学的高性能金属零件激光直接成形技术已成功应用于制造我国自主研发的大型客机 C919 的主风挡窗框、中央翼根肋，成功降低了飞机的结构重量，缩短了设计时间，使我国成为目前世界上唯一掌握激光成形钛合金大型主承力构件制造且付诸实用的国家。

3. 产业化进程加快，初步形成小规模产业市场

利用高校、科研院所的研究成果，依托相关技术研究机构，我国已涌现出 20 多家 3D 打印制造设备与服务的企业，如北京隆源、武汉滨湖机电、北方恒力、湖南华曙、北京太尔时代、西安铂力特等。这些公司的产品已在国家多项重点型号研制和生产过程中得到了应用，如应用于 C919 大型商用客机中央翼身缘条钛合金构件的制造，这项应用是目前国内金属 3D 打印技术的领先者；武汉滨湖机电技术产业有限公司主要生产 LOM、SLA、SLS、SLM 系列产品并进行技术服务和咨询，1994 年就成功开发出我国第一台快速成形装备——薄材叠层快速成形系统，该公司开发生产的大型激光快速制造装备具有国际领先水平；2013 年华中科技大学开发出全球首台工作台面为 1.4 m×1.4 m 的四振镜激光器选择性激光粉末烧结装备，标志着其粉末烧结技术达到了国际领先水平。

4. 应用取得突破，在多个领域显示了良好的发展前景

随着关键技术的不断突破，以及产业的稳步发展，我国 3D 打印技术的应用也取得了较大进展，已成功应用于设计、制造、维修等产品的全寿命周期。

(1) 在设计阶段，已成功将 3D 打印技术广泛应用于概念设计、原型制作、

产品评审、功能验证等，显著缩短了设计时间，节约了研制经费。在研制新型战斗机的过程中，采用金属3D打印技术快速制造钛合金主体结构，在一年之内连续组装了多架飞机进行飞行试验，显著缩短了研制时间。某新型运输机在做首飞前的静力试验时，发现起落架连接部位一个很复杂的结构件存在问题，需要更换材料、重新加工。采用3D打印技术，在很短的时间内就生产出了需要的部件，保证了试验如期进行。

(2) 在制造领域，已将3D打印技术应用于飞机紧密部件和大型复杂结构件制造。我国国产大型客机C919的中央翼根肋、主风挡窗框都采用3D打印技术制造，显著降低了成本，节约了时间。C919主风挡窗框若采用传统工艺制造，国内制造能力尚无法满足，必须向国外订购，时间至少需要2年，模具费需要1300万元。采用激光快速成形3D打印技术制造，时间可缩短到2个月内，成本降低到120万元。

(3) 在维修保障领域，3D打印技术已成功应用于飞机部件维修。当前，我国已将3D打印技术应用于制造过程中报废和使用过程中受损的航空发动机叶片的修复，以及大型齿轮的修复。

1.5.4 3D打印技术在国内的发展趋势

1. 3D打印既是制造业，更是服务业

3D打印的产业链涉及很多环节，包括3D打印机设备制造商、3D模型软件供应商、3D打印机服务商和3D打印材料的供应商。因此围绕3D打印的产业链会使企业产生很多机会。在3D打印产业链里，除了出现大品牌的生产厂商外，也有可能出现基于3D打印提供服务的巨头。

2. 目前3D打印产业处于产业化的初期阶段

目前我国3D打印技术发展面临诸多挑战，总体处于新兴技术产业化的初级阶段，主要表现在：

(1) 产业规模化程度不高。3D打印技术大多还停留在高校及科研机构的实验室内，企业规模普遍较小。

(2) 技术创新体系不健全。创新资源相对分割，标准、试验检测、研发等公共服务平台缺乏。

(3) 产业政策体系尚未完善。缺乏前瞻性、一致性、系统性的产业政策体系，包括发展规划和财税支持政策等。

(4) 行业管理亟待加强。

(5) 教育和培训制度急需加强。

3. 与传统的制造技术形成互补

相比于传统生产方式，3D打印技术的确是重大的变革，但目前和近中期还不具备推动第三次工业革命的实力，短期内还难以颠覆整个传统制造业模式。理由有三：

(1) 3D打印只是新的精密技术与信息化技术的融合，相比于机械化大生产，不是替代关系，而是平行和互补关系。

(2) 3D打印原材料种类有限，决定了绝大多数产品打印不出来。

(3) 个性化打印成本极高，很难实现传统制造方式的大批量、低成本制造。

4. 3D打印技术是典型的颠覆性技术

从长期来看，这项技术最终将给工业生产和经济组织模式带来颠覆性的改变。3D打印技术其实就是颠覆性、破坏性的技术。当前，3D打印技术的应用被局限于高度专门化的需求市场或细分市场(如医疗或模具)。但颠覆性技术会不断发展，以低成本满足较高端市场的需要，然后以“农村包围城市”的方式逐步夺取天下。尽管3D打印主要适用于小批量生产，但是其打印的产品远远优于传统制造业生产的产品——更轻便、更坚固、定制化、多种零件直接整组成形。3D打印的另一个颠覆性特征是：单台机器能创建各种完全不同的产品。而传统制造方式需要改变流水线才能完成定制生产，其过程需要昂贵的设备投资和长时间的工厂停机。不难想象，未来的工厂用同一个车间的3D打印机既可制造茶杯，又能制造汽车零部件，还能量身定制医疗产品。

十余年来，3D打印技术已经步入初成熟期，已经从早期的原型制造发展出包含多种功能、多种材料、多种应用的许多工艺，在概念上正在从快速原型转变为快速制造，在功能上从完成原型制造向批量定制发展。基于这个基本趋势，3D打印设备已逐步向概念型、生产型和专用成形设备分化。

1) 概念模型

3D打印设备是指利用3D打印工艺制造用于产品设计、测试或者装配等的原型。所成形的零件主要在于形状、色彩等外观表达功能，对材料的性能要求较低。这种设备当前总的发展趋势是：成形速度快；产品具有连续变化的多彩色(多材料)；普通微机控制，通过标准接口进行通信；体积小，是一种桌面设备；价格低；绿色制造方式，无污染、无噪声。

2) 生产型设备

生产型设备是指能生产最终零件的3D打印设备。与概念原型设备相比，这种设备一般对产品有较高的精度、性能和成形效率要求，设备和材料价格较昂贵。

3）应用于生物医学制造领域的专用成形设备

应用于生物医学制造领域的专用成形设备是今后发展的趋势。3D打印设备能够生产任意复杂形状、高度个性化的产品，能够同时处理多种材料，制造具有材料梯度和结构梯度的产品。这些特点正好满足生物医学领域，特别是组织工程领域一些产品的成形要求。

1.5.5 3D打印技术发展的未来

1. 材料成形和材料制备

3D打印技术基于离散/堆积原理，采用多种直写技术控制单元材料状态，将传统上相互独立的材料制备和材料成形过程合而为一，建立了从零件成形信息及材料功能信息数字化到物理实现数字化之间的直接映射，实现了从材料和零件的设计思想到物理实现的一体化。

2. 直写技术

直写技术用来创造一种由活动的细胞、蛋白、DNA片段、抗体等组成的三维工程机构，将在生物芯片、生物电气装置、探针探测、更高柔性的RP工艺、柔性电子装置、生物材料加工和操纵自然生命系统、培养变态和癌细胞等方面中具有不可估量的作用。其最大的作用在于用制造的概念和方法完成活体成形，突破了千百年禁锢人们思想的枷锁——制造与生长之界限。

(1) 开发新的直写技术，扩大适用于3D打印技术的材料范围，进入到细胞等活性材料领域。

(2) 控制更小的材料单元，提高控制的精度，解决精度和速度的矛盾。

(3) 对3D打印工艺进行建模、计算机仿真和优化，从而提高3D打印技术的精度，实现真正的净成形。

(4) 随着3D打印技术进入到生物材料中功能性材料的成形，材料在直写过程中的物理化学变化尤其应得到重视。

3. 生物制造与生长成形

(1) “生物零件”应该为每个个体的人设计和制造，而3D打印能够成形任意复杂的形状，提供个性化服务。

(2) 快速原型能够直接操纵材料状态，使材料状态与物理位置匹配。

(3) 3D打印技术可以直接操纵数字化的材料单元，给信息直接转换为物理实现提供了最快的方式。

4. 计算机外设和网络制造

3D打印技术是全数字化的制造技术，3D打印设备的三维成形功能和普通打印机具有共同的特性。小型的桌面3D打印设备有潜力作为计算机的外设进入艺术和设计工作室、学校和教育机构甚至家庭，成为设计师检验设计概念、学校培养学生创造性设计思维、家庭进行个性化设计的工具。

5. 快速原型与微纳米制造

微纳米制造是制造科学中的一个热点问题，根据3D打印的原理和方法制造MEMS是一个有潜力的方向。目前，常用的微加工技术方法从加工原理上属于通过切削加工去除材料、“由大到小”的去除成形工艺，难以加工三维异形微结构，使零件尺寸深宽比的进一步增加受到了限制。快速原型根据离散/堆积的降维制造原理，能制造任意复杂形状的零件。另外，3D打印对异质材料的控制能力，也可以用于制造复合材料或功能梯度的微机械。

综上所述，3D打印存在以下问题：

(1) 3D打印设备价格偏高，投资大，成形精度有限，成形速度慢。

(2) 3D打印工艺对材料有特殊要求，其专用成形材料的价格相对偏高。

这些缺点影响了3D打印技术的普及应用，但随着其理论研究和实际应用不断向纵深发展，这些问题将得到不同程度的解决。可以预期，未来的3D打印技术将会更加充满活力。

6. 3D打印技术的发展路线

- 技术发展：3D➡4D(智能结构)➡5D(生命体)。
- 应用发展：快速原型➡产品开发➡批量制造。
- 材料发展：树脂➡金属材料➡陶瓷材料➡生物活性材料。
- 模式发展：科技企业➡产业➡分散式制造。
- 产业发展：装备➡各领域应用➡尖端科技。
- 人员发展：科技界➡企业➡金融➡创客➡协同创新。

第 2 章　SLS 3D 打印技术

2.1　SLS 3D 打印技术的发展历史

SLS 是选择性激光烧结(Selective Laser Sintering)的英文缩写，是用粉末材料进行选择性激光烧结的 3D 打印成形工艺。SLS 3D 打印技术是 3D 打印技术(或称增材制造技术、快速成形技术)的一种。SLS 成形技术最早是由美国德克萨斯大学奥斯汀分校的研究生 C. R. Dechard 于 1986 年在其硕士论文中提出并发明的，他与美国 Texas 大学于 1988 年研制成功了世界首台 SLS 3D 打印样机，并获得了该技术的发明专利。随后 C. R. Dechard 创立了 DTM 公司，Texas 大学授权美国 DTM 公司 (现已并入美国 3D System 公司) 并于 1992 年发布了基于 SLS 技术的工业级商用 3D 打印机 Sinterstation，将 SLS 3D 打印机商品化。目前德国的 EOS 公司和美国的 3D System 公司是世界上 SLS 系统及其成形材料的主要供应商。

在国内，华中科技大学于 1991 年开始进行 LOM 3D 打印技术研究，是国内最早从事 3D 打印技术的研究单位之一。北京隆源自动成形有限公司最早于 1993 年开始研究 SLS 3D 打印技术，于 1994 年初研制成功 AFS 系列 SLS 3D 打印机并实现商品化，生产了国内首台 ϕ300 mm 圆形双缸 SLS 3D 打印机。紧随其后，华中科技大学也于 1996 年开始研究 SLS 3D 打印技术，并于 1998 年向市场提供成形缸尺寸为 400 mm×400 mm×400 mm、形状为正方形的三缸式 HRPS SLS 3D 打印机和相应的成形材料。与隆源双缸 AFS 系列 SLS 3D 打印机相比，华中科技大学的三缸式 HRPS SLS 3D 打印机可以实现往返行程铺粉，节省了铺粉时间，提高了打印效率，同时缸的形状由圆形改为方形，可增大成形件的 X－Y 方向尺寸，因而可以打印出尺寸更大的 3D 制件。之后，华中科技大学快速制造中心团队经过不懈努力，不断创新 HRPS SLS 3D 打印机的新品。

(1) 创建了多种型号的单扫描系统 HRPS 3D 打印机和多扫描系统 HRPS

3D打印机，其型号由HRPS-Ⅰ型到HRPS-Ⅶ型；单扫描系统HRPS 3D打印机成形腔的尺寸由400 mm×400 mm×400 mm发展到1000 mm×1000 mm×600 mm、1200 mm×1200 mm×600 mm(不仅在国内销售，还销售到了巴西)；多扫描系统HRPS 3D打印机成形腔的尺寸为1400 mm×700 mm×600 mm(双扫描系统，即两个激光器和两个振镜系统同步扫描，该种机型已销售到新加坡)和1400 mm×1400 mm×600 mm(四个扫描系统，即四个激光器和四个振镜系统同步扫描)。在大幅面扫描场情况下，由于采用多激光扫描系统，因此可以保证在整个工作面上保持较小的聚焦光斑，并保证整个制件的成形精度和强度。

(2) 华中科大研究人员努力攻克了大台面成形腔温度场的均匀性，实现了多层立体可调预热模式，提高了预热温度场的均匀性，实现台面温度误差±5℃。

(3) 采用高效扫描算法，提高了超大型3D打印制件扫描成形的效率。

(4) 采用多激光扫描边界随机扰动的边界连接成形技术、多重随机权重因子曲线生成方法，实现了扫描边界处的(随机扰动)交错连接，保证了多激光扫描时图形拼合处3D打印制件的连接强度。

(5) 采用高效的上供(送)粉系统，使3D打印装备及其工作腔体积、供粉时间至少节约40%以上。

(6) 开发了适应大型复杂3D打印制件的高性能粉末材料与成形工艺，这是业界公认的技术难题，这标志着华中科大的SLS 3D打印技术已处于国际领先水平。

此外，国内研究SLS 3D打印技术和提供设备的还有北方恒立公司、南京航空航天大学和中北大学等单位。

2.2 SLS 3D打印机常用的主要系统、类型及工作原理

2.2.1 SLS 3D打印机的供(送)粉系统

SLS 3D打印机按其供(送)粉方式的不同分为下供(送)粉和上供(落)粉两种类型。

1. 下供(送)粉SLS 3D打印机

1) 双缸下供(送)粉SLS 3D打印机

图2-1所示为双缸下供(送)粉SLS 3D打印机的原理图。这种机型的主要

部件设计是采用一个工作缸和一个供(送)粉缸及两个余粉回收桶。其工作过程是：供粉缸活塞在步进电机的驱动下，使供(送)粉缸活塞向上移动，待粉末高出供(送)粉缸一个成形件的切片分层厚度后，计算机控制系统使铺粉辊由左往右移动，在成形室工作台面上铺设一层粉末，与此同时，还应使铺粉辊逆时钟方向旋转，以便在铺粉辊将粉末向辊子前进方向推动时，不仅使粉末铺平，还能产生略微压实工作台上粉床面的作用，多余的粉末则被推进右边余粉回收桶，回收后，下次打印时再使用。加热系统将成形室工作台面上方的粉末床预热至略低于其熔化温度后，由扫描振镜反射过来的激光束在计算机的控制下，根据当前进行 3D 打印成形件图形的截面轮廓信息，对该成形件的截面轮廓粉末进行选区扫描，调整激光束的强度，使粉末的温度升至其熔点，且刚好能将厚度为 0.125～0.25 mm 的粉末层进行烧结，使粉末颗粒交界处熔化。这样，当激光束在被成形制件二维平面所确定的轮廓区域内扫描移动时，就能逐步使粉末相互黏结，得到成形件的一层截面薄片层烧结。之后，铺粉辊自右向左移动，返回到原始铺粉的位置，运行中将多余的粉末推入左边的余粉回收桶。随后在步进电机驱动下又使供粉缸活塞再次向上移动，使粉末又高出供粉缸一个分层厚度，成形缸活塞又带动工作台再次下降一个成形件的切片分层厚度，再进行下一层的铺粉、激光扫描和烧结，当这层成形件粉末烧结完成时，会自动与上一层的烧结粉层叠加并黏结在一起。如此循环反复依次连续操作，就能逐步得到各层截面形状的烧结层，最终烧结成形 SLS 的三维制件。非烧结区的粉末仍呈松散状态，它们将作为下一层粉末的支撑。最后，取出已完成的 3D 打印成形制件，用刷子或压缩空气去掉黏在制件表面上未烧结的粉末。随后经后固化、打磨、喷涂、浸渗等后处理，从而得到品质优良的 3D 打印成形制件。

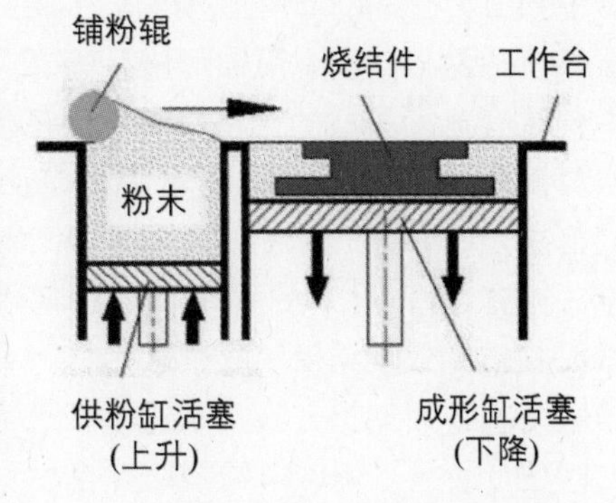

图 2-1 双缸下供粉 SLS 3D 打印机原理图

这种双缸下供(送)粉 SLS 3D 打印机型的优点是：整机外形沿 X 长度方向的尺寸可以比三缸下供(送)粉 SLS 3D 打印机型小一些。其缺点是：每进行下一次铺粉时，铺粉辊必须空行程由右限位回到左限位供粉缸起点的位置，这样铺粉辊往返需要运行两次，其中浪费了一次空行程时间，使打印机的生产效率降低。

2) *改进的双缸下供(送)粉 SLS 3D 打印机*

改进的双缸下供(送)粉 SLS 3D 打印机也采用下供(送)粉方式，但其机构的改进部分是：除设有一个供(送)粉缸外，还增设了一个由回收桶改制成的小型供粉缸(见图 2-2)。供粉时，供粉缸活塞每次上升的高度为 3D 打印制件分层厚度的两倍(2h)，而成形缸活塞仅下降一个分层厚度(h)。小型供(送)粉缸中安装有宽度较窄的活塞，窄形活塞顶面高度处于距离成形室工作台面一个分层厚度(h)的下位。当铺粉辊将两个层厚高度(2h)的粉末由左向右铺粉，经过成形缸活塞顶面时，将一个层厚(h)的粉末铺设在成形缸活塞的上方，而将剩余一个分层厚度(h)的粉末推至小型供粉缸活塞的上方。当成形制件的一层被激光扫描完成烧结后，成形缸活塞继续下降一个分层厚度(h)，而小型供(送)粉缸活塞顶面则上升至与成形室工作台面平齐的上位，此时，铺粉辊位于图中右限位的位置。随后当铺粉辊又由右向左回程运动时，将置于小型供粉缸上面的一个分层厚度(h)的粉末铺设在成形缸的活塞顶面，再进行下一层的激光扫描烧结成形。

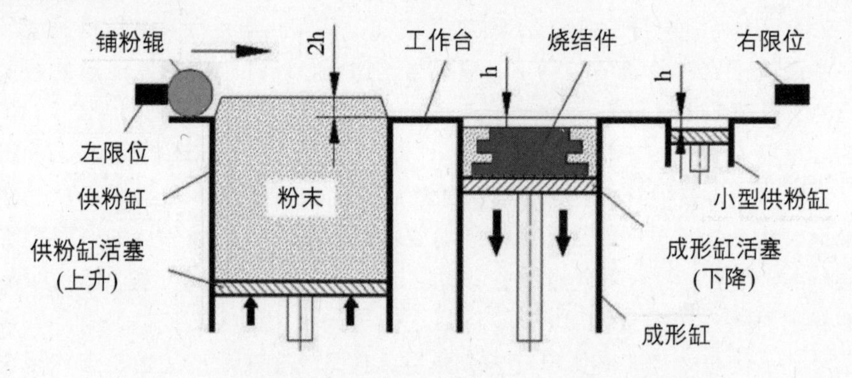

图 2-2　改进的双缸下供(送)粉 SLS 3D 打印机原理图

可见，对双缸下供(送)粉 SLS 3D 打印机的改进要点如下：

(1) 取消了回收粉桶的设计，需要从软件控制系统上精确地确定铺粉辊水平移动的行程长度，用左、右限位来控制铺粉辊的起始和终点位置。

(2) 需要增大供粉缸的体积。

(3) 增加一个小体积的供粉缸，就能实现双向铺粉，将双缸下供粉 SLS 3D 打印机制件的成形速度提高一倍以上。

3) 三缸下供(送)粉 SLS 3D 打印机

图 2-3 所示为三缸下供(送)粉 SLS 3D 打印机的原理图，其工作过程与改进的双缸下供(送)粉 SLS 3D 打印机相似：左供粉缸活塞向上移动使粉末高出左供粉缸一个分层厚度，铺粉辊沿水平方向自左向右在成形室工作台上面铺一层粉末，加热系统预热工作台上方的粉末，激光束对成形件的截面轮廓粉末进行选区扫描，使粉末的温度升至其熔点，逐步使粉末相互黏结，得到成形件的

一层截面薄片粉末的烧结层，随后成形缸活塞带动工作台又下降一个分层厚度，右供粉缸活塞向上移动使粉末高出右供粉缸一个分层厚度，铺粉辊沿水平方向自右向左在工作台上面铺设下一层粉末，同时对下一层粉末进行选区激光扫描和烧结，并自动与前一层烧结层黏叠在一起。如此反复操作就能逐步得到各层截面形状的烧结层，最终完成 SLS 3D 打印的成形件。

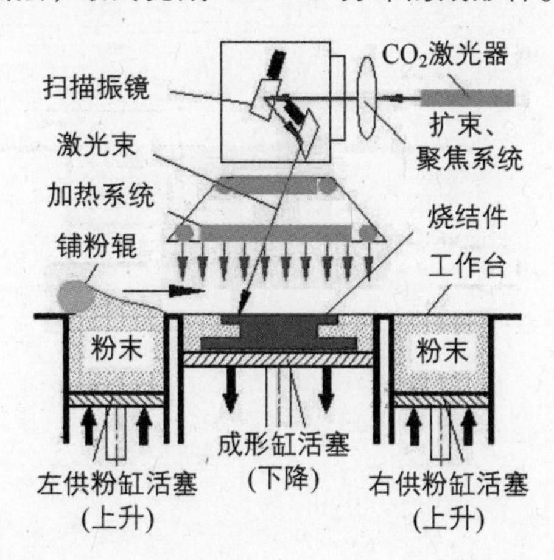

图 2-3　三缸下供粉 SLS 3D 打印机原理图

三缸下供(送)粉 SLS 3D 打印机的特点是：

(1) 三缸下供(送)粉 SLS 3D 打印机具有两个尺寸相等的供(送)粉缸，其整机尺寸较大，因而增加了 SLS 3D 打印机制造的材料成本。

(2) 这种 SLS 3D 打印机占地面积大，故不适合制造成形腔尺寸较大的 SLS 3D 打印机。

(3) 在进行 3D 打印操作时必须按成形件的体积计算加料数量，一次性将粉料填满在供粉缸中，开机后的打印过程中不允许停机进行加料。

(4) 下供粉 SLS 3D 打印机打印密度较低的塑料粉末等材料时，将粉料填到供粉缸后还需要用工具将粉料适当舂实。

(5) 供粉系统稳定可靠，特别适合制造中小型尺寸 SLS 3D 成形机。

2. 上供(落)粉 SLS 3D 打印机

图 2-4 所示为双供粉桶上供(落)粉 SLS 3D 打印机原理图，其供(送)粉系统设置在机器成形室的上方，图中为两个供粉桶(左、右各一个)；但考虑与整机设备其他系统位置的分配(如必须留出控制系统的位置或铺粉辊前后位置移动时的空间等)，也可以只采用一个供(送)粉桶。在机器的供(送)粉桶的中间安装有花键轴形的槽形(在辊轴外圆面上开设有分配粉料的长条槽)，通过步进电机使其转动，控制供粉桶中的粉料下落至机器成形室的工作台面上或落入铺

粉斗中(用铺粉斗铺粉时)，随后用铺粉辊或铺粉斗进行铺粉。

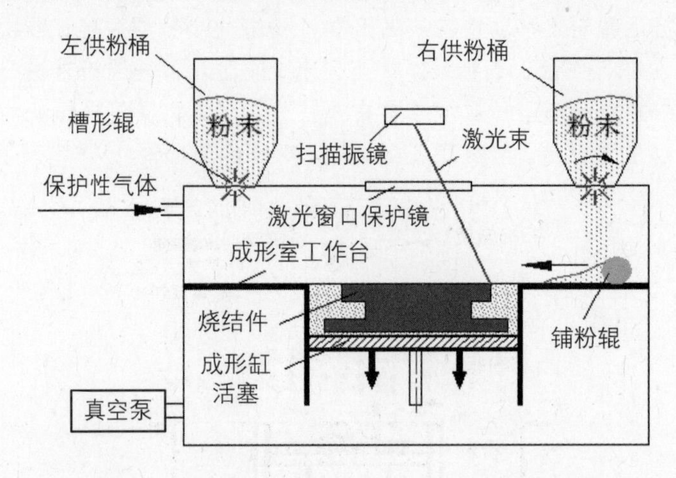

图 2-4　双供粉桶上供(落)粉 SLS 3D 打印机原理图

与下供(送)粉 SLS 3D 打印机相比，上供(送)粉 SLS 3D 打印机具有整机结构尺寸体积小、打印过程中可以连续供粉等优点，特别适合大尺寸 3D 打印机的需要。同时，由于该种机型成形室体积小，故这种机型最适合制成密封状态的成形室，可用真空泵抽真空和通入保护性气体（如氩气或氮气等)，用于 3D 打印烧结金属粉或易氧化粉材(如钛、铝合金、尼龙等)。

2.2.2　SLS 3D 打印机的激光扫描系统

SLS 3D 打印机的激光扫描系统有振镜式扫描方式和激光头扫描方式两种。

1. 振镜式扫描方式

1) 单振镜式扫描系统

该系统是一般 SLS 3D 打印机应用最广的激光扫描系统，它由一个激光器和一个扫描式振镜系统组成，如图 2-5 所示。SLS 3D 打印机一般采用 50～200 W CO_2 激光器（波长 1.06 μm)。为了使激光器发出的激光束能以较小光斑直径准确地投射到扫描振镜上，一般在激光器和扫描振镜之间设置有扩束镜、聚焦镜(一般用动态聚焦，较小成形室工作台面可用静态聚焦)、反射镜(当需要激光的光束改变方向时使用)等。

2) 双振镜式扫描系统

图 2-5 所示为双振镜、双激光扫描系统 SLS 3D 打印机的成形原理图。这种双振镜扫描系统可以克服单振镜扫描系统扫描范围的局限性，当成形件和相应的成形室工作台面尺寸较大时，就需要采用双振镜甚至更多振镜的扫描系统。

这种多振镜、多激光器扫描系统通常用于打印大尺寸(一般大于1.2 m以上)的原型制件，如大型塑料原型件和用于铸造的大型覆膜砂型及砂芯。

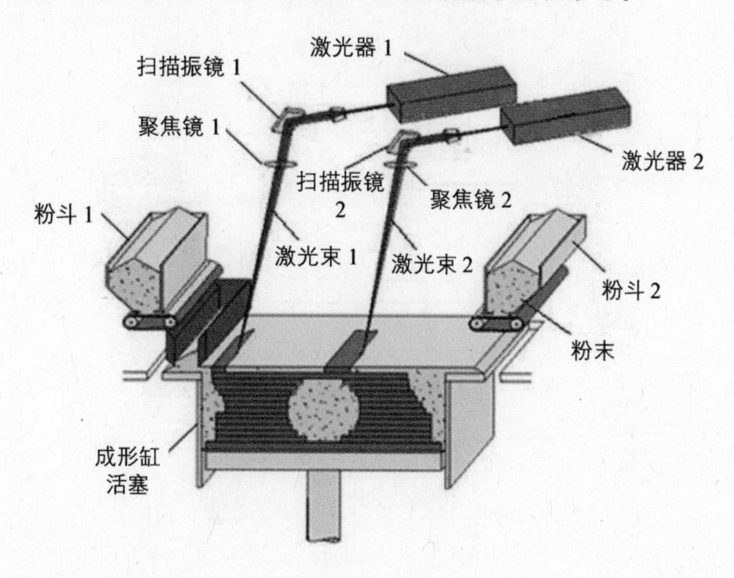

图2-5 SLS 3D打印机的双振镜、双激光扫描系统SLS 3D打印机的成形原理图

2. 激光头扫描方式

图2-6所示为激光头扫描方式SLS 3D打印机结构及原理简图，其中图(a)为激光头扫描方式结构示意图，图(b)为工作原理简图。这种SLS 3D打印机使用伺服电机驱动X-Y成形工作台，使激光头沿X-Y方向运动，实现激光束的扫描功能。这种扫描头不需要价格昂贵的扫描振镜，可大大降低SLS 3D打印机设备的生产成本，而且使SLS 3D打印成形制件的尺寸范围不受振镜扫描系统范围的限制。

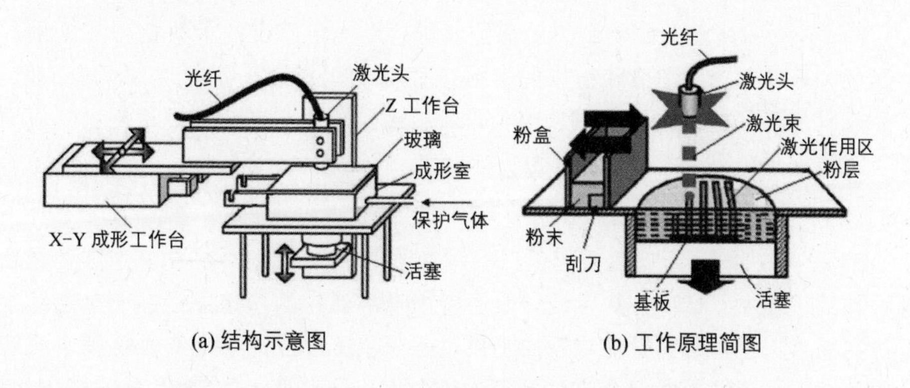

图2-6 激光头扫描方式SLS 3D打印机结构及原理简图

2.2.3 SLS 3D打印机的铺粉装置

SLS 3D打印机的铺粉装置常用的有三种：铺粉辊(见图2-7(a))、铺粉刮刀(见图2-7(b))、铺粉斗(见图2-7(c))。

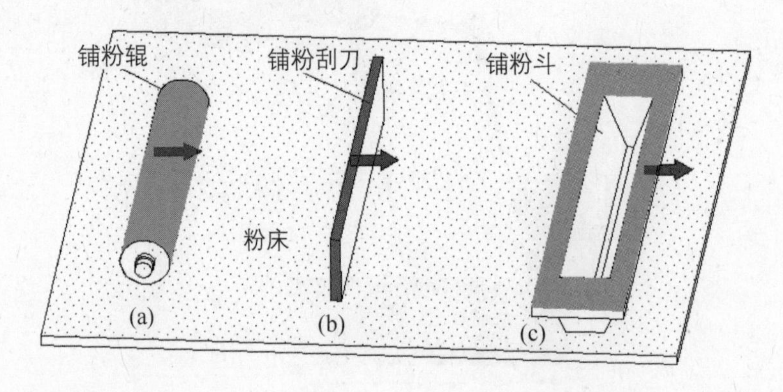

图2-7 SLS 3D打印机的各种铺粉装置的简图

1. 铺粉辊

大多数SLS 3D打印机采用$\phi 30\sim\phi 60$ mm的圆形实心钢棒或钢管制作的铺粉辊装置(见图2-7(a))，一般用45钢坯经切削加工、调质热处理达到要求的机械性能后，再对其表面进行镀硬铬层，使其达到耐磨要求。用铺粉辊装置铺粉的优点是在铺粉过程中，由于其辊轴转动对铺粉床面的粉料能产生预压作用，因此增加了被铺粉床的致密度，使分床面光滑、平整、致密；缺点是铺粉辊装置的轴端需安装滚珠轴承及电机，不仅结构复杂，且不适合在成形室温度较高的工况应用。

2. 铺粉刮刀

图2-7(b)所示为铺粉刮刀的简图。刮刀用一定厚度的板料切削加工到尺寸精度和形状要求，刮刀和粉床的接触端面需切削成有一定斜度的刃口形状。然后将已加工好的刮刀进行调质热处理，达到要求的机械性能后，再对其表面进行镀硬铬层处理，使其达到耐磨要求。

3. 铺粉斗

图2-7(c)所示为仅适合上供(送)粉系统使用的铺粉斗结构。在该种铺粉斗结构的设计中，铺粉斗的容积一般要考虑斗中储存的粉量应让铺粉斗连续进行往返两次以上。用铺粉斗铺粉的工作过程是：通过步进电机使供粉桶中花键轴辊转动，控制供粉桶中的粉料下落到成形室工作台面上的铺粉斗中；另一步

进电机驱动齿形同步带，带动铺粉斗自左向右移动，在铺粉斗移动过程中，铺粉斗中的粉末连续下落，将粉末铺到成形活塞的顶部上面实现铺粉(铺粉斗的结构设计避免了工作中的扬粉问题)；然后进行激光扫描完成3D打印制件一层截面的烧结；成形活塞下降一个制件截面层厚；铺粉斗回程从右向左进行下一次铺粉；步进电机再次使花键轴辊转动，再次向铺粉斗供粉。如此重复进行操作，直到整个制件烧结完成。

4. 铺粉辊＋铺粉刮刀

图2-8所示为铺粉辊＋铺粉刮刀的结构简图。该种铺粉机构的工作过程是：供粉缸中的活塞由步进电机驱动，每当完成3D打印制件截面的一层烧结层后，活塞就上升，向上顶出一层成形用的粉末材料；铺粉辊和铺粉刮刀自左向右移动，将粉末铺到成形活塞的上面，并将多余的粉末推入余粉回收桶中；随后，铺粉辊和铺粉刮刀又返回自右向左移动，此时铺粉刮刀将粉末床上已铺设的粉末刮平。

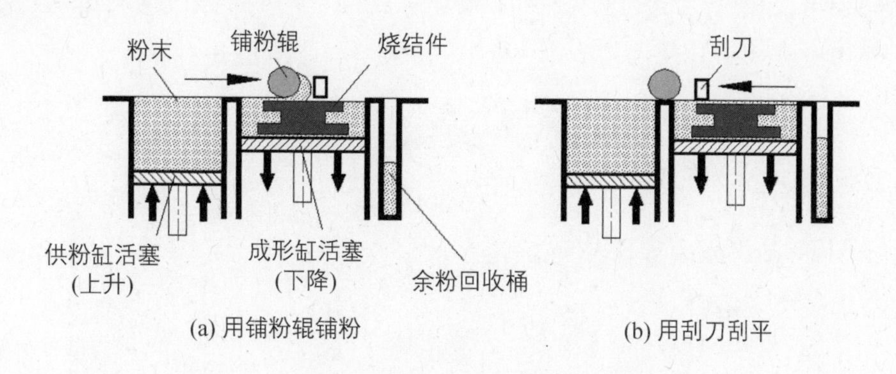

图2-8　用铺粉辊铺粉和用刮刀刮平的结构简图

2.2.4　SLS 3D打印机粉末床的加热系统

粉末床加热系统的作用是使粉末在被激光扫描烧结前的预热温度达到略低于被烧结粉末材料的熔点，以便激光扫描时能迅速使被扫描粉末达到熔化或熔融烧结状态，并在随后迅速冷却，仅需数秒或数分钟(取决于制件被扫描截面的面积)就能完成3D打印制件一个截面层的烧结。

SLS 3D打印机粉末床的加热系统要求如下：

(1) 加热管应能迅速达到粉末床材料要求的加热温度，一般选用数百瓦的远红外加热管。远红外加热与传统的蒸汽、热风和电阻等加热方法相比，具有加热速度快、新产品质量好、设备占地面积小、生产费用低和加热效率高等优

点。用它代替电加热其节电效果尤其显著，一般可节电 30%左右，个别场合甚至可达 60%～70%。目前，这项技术已广泛应用于油漆、塑料、食品、药品、木材、皮革、纺织品、茶叶、烟草等多种制品或物料的加热熔化、干燥、整形、消费、固化等不同的加工工序中。一般认为，对木材、皮革、油漆等有机物质、高分子物质及含水物质的加热干燥，其效果最为显著。远红外线灯管通电后 1～2 s，可将热辐射至被加热物质，本身完全不储存热，因此升、降温非常快。红外线是一种电磁波(微波、X 射线、光波都属于电磁波)，直线传播，并且不需要介质(一般传导加热必须经由介质传递热能，对流加热也需要空气的介质传递热能)。

(2) 加热管系统的分布必须保证 3D 打印机成形腔的粉床面有足够大的受热区，一般采用多根加热管组合成方形或矩形加热框架。图 2-9 所示为双缸下供(送)粉 SLS 3D 打印机的粉末床加热管系统布置简图。图中分为四组加热管(每组管均采用孪管形式)，两根长孪管的左边伸出段作为左边供粉缸中的粉末预热使用，长孪管右边段和两根短孪管组合成“井”字形框架，预热工作缸上部的粉末床。

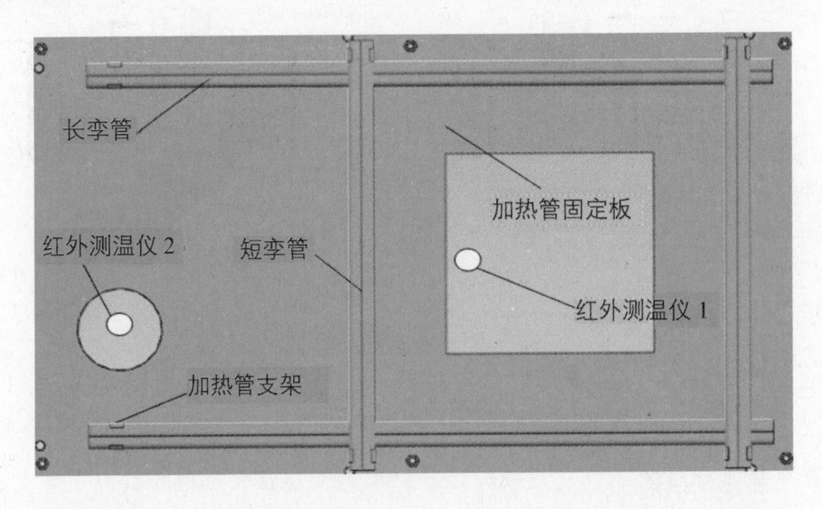

图 2-9　双缸下供(送)粉 SLS 3D 打印机的粉末床加热管系统布置简图

图 2-10 所示为湖南华曙公司 FS401 型加热系统，其每个加热区有两组或三组加热管。图中分为八个加热区(V1 至 V8)，每个加热区有两组或三组远红外加热管(有单管和孪管两种形式，孪管受热面积比单管大一些)和反射罩(反射罩内表面涂有不同的选择性辐射涂层材料，以增加工作台面粉床的受热面积)。

(3) 加热系统中设计有红外测温仪探头，用于采集加热区的实际温度，并将其反馈至3D打印机的控制系统，然后与温度设定值进行比较并进行实时调节，以保证加热区的温度符合3D打印成形的要求。

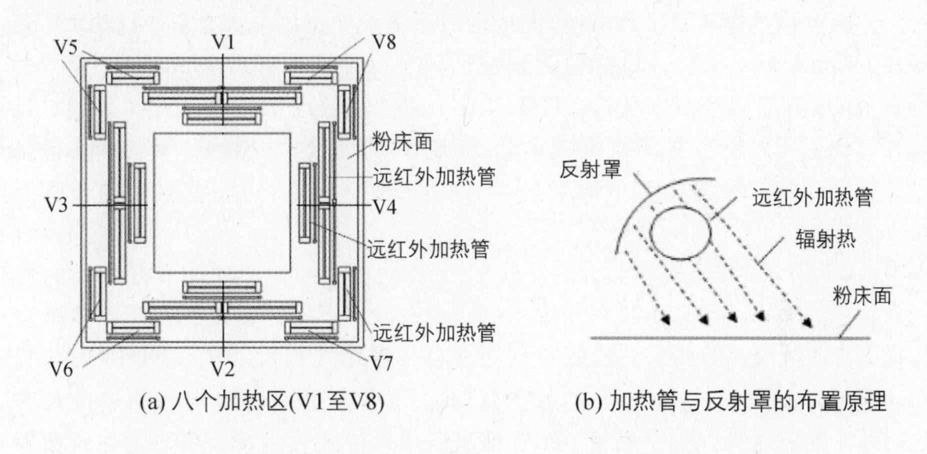

(a) 八个加热区(V1至V8)　　(b) 加热管与反射罩的布置原理

图2-10　湖南华曙公司FS401型SLS 3D打印机的加热系统简图

2.3　SLS 3D打印机的特点和应用

2.3.1　SLS 3D打印技术的特点

SLS 3D打印技术的特点如下：

(1) 可用于SLS 3D打印的材料来源广泛。从理论上说，只要粉末达到一定细度，任何能够吸收激光能量而黏度降低的粉末材料都可以用于SLS 3D打印，这些材料可以是高分子粉末(如蜡粉、聚碳酸酯(PC)、尼龙(PA)、聚醚醚酮(PEEK)等)、金属粉、陶瓷粉、覆膜砂等。

(2) 应用范围广。用SLS不仅可以制备各种模型和具有实际用途的塑料功能件，而且通过与铸造技术相结合，还可迅速获得金属零件，而不必开模具和翻模，也可以用直接法或间接法制造结构复杂的金属零件或陶瓷功能零部件。根据不同用途复杂零部件的成形需求，SLS 3D打印技术可以使用各种不同性质的粉末材料来满足。目前，SLS 3D打印的制件已广泛用于国防、航空航天、汽车、生物医学、机械(模具)制造、船舶、交通、文化艺术及文物复制等各个领域。

(3) 材料利用率高。在SLS 3D打印过程中，未被激光扫描到的粉末材料还保持松散状态，可以回收再利用，故SLS 3D打印成形具有较高的材料利用

率，可大大节省运行费用。

(4) 无需支撑。在用SLS成形时，周围未烧结的粉末就作为SLS 3D打印机中成形件轮廓的空腔和悬臂部分的支撑，清理十分容易，因此用SLS可制造形状十分复杂的零件。SLS 3D打印成形时不需要像光固化成形(Stereo Lithography Apparatus, SLA)和熔融沉积成形(Fused Deposition Modeling, FDM)等其他3D打印制造技术那样，需要对成形件的空腔或悬臂部分专门另外设计和在打印过程中制造支撑结构，因此，SLS 3D打印技术可节省打印材料，降低打印过程中的能源消耗。

2.3.2 SLS 3D打印技术的应用实例

由于SLS 3D具有材料利用率高、材料来源广泛、打印过程中不需要辅助支撑、打印效率高等优势，因此特别适合各种领域大型尺寸复杂制件的3D打印。例如，SLS 3D打印技术可用于打印大型精密铸造蜡模和树脂覆膜砂型(芯)、直接浇注的汽车排气管、具有细薄散热片的铝合金摩托车缸体、不锈钢水泵叶轮、大型四气门六缸柴油发动机缸盖、内腔复杂流道的液压阀砂芯及砂型、尼龙功能件、随形冷却水道的金属模具等(见图2-11)，足见其应用范围远比其他3D打印技术广泛。

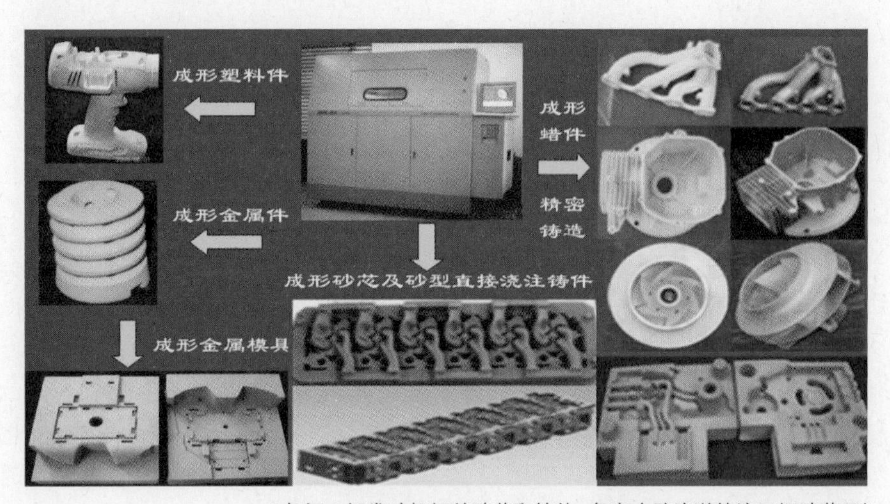

图2-11 SLS 3D打印机的广泛用途实例

第 3 章　SLS 3D 打印材料与研究

3.1　SLS 3D 打印技术所用材料的发展概况

对 SLS 烧结机理和模型的研究始于 20 世纪 30 年代。Sauerwald 和 Trebiatowski 等人通过研究都提出了相应的烧结模型。SLS 并不完全类同于传统的烧结过程，它有着自身的特点，在 SLS 成形过程中，激光照射在粉末床表面，激光能量被吸收转换成热能，使照射区域的粉末颗粒迅速升温熔化，熔体流动黏结。其实质是粉末颗粒受高温作用熔化，熔体扩散，颗粒相互黏结，随着接触面增大，颗粒间相互熔合，这一过程称为烧结。激光扫描完后，温度降低，熔体固化收缩，凝固成致密、坚硬的烧结实体。因此，SLS 过程实际上包括粉末对激光能量的吸收、烧结和熔体的冷却三个过程，正确认识这三个基本过程是成功应用 SLS 技术的基础。

3.1.1　SLS 3D 打印材料的种类

成形材料广泛是 SLS 的主要优势，因此材料技术是 SLS 技术发展的关键，它对 SLS 的成形速度和精度、力学性能以及应用都起着决定性的作用。国内外的多家公司及科研机构都在 SLS 材料的研究方面做了大量的工作，如在 SLS 技术方面有影响力的 3D(DTM) 和 EOS 公司都在大力研究 SLS 材料。目前已开发出多种 SLS 材料，按材料性质可分为以下几类：金属基粉末、陶瓷基粉末、覆膜砂、聚合物基粉末等。表 3 - 1 和表 3 - 2 所示为 3D System 公司和 EOS 公司的 SLS 成形材料及其主要性能指标。

表 3-1　3D System 公司的 SLS 成形材料及其主要性能指标

材料型号	材料类型	密度/(g/cm³)	平均粒径/μm	拉伸强度/MPa	弹性模量/MPa	断裂伸长(%)	主要特点	用途
Dura Form PA	尼龙粉末	0.59	58	44	1600	9	热稳定性和化学稳定性好	塑料 塑料功能件
Dura Form GF	加玻璃微珠的尼龙粉末	0.84	48	38.1	5910	2	热稳定性和化学稳定性好	塑料 塑料功能件
Cast Form	聚苯乙烯粉末	0.46	62	2.8	1604	—	成形性能优良	失蜡铸造
Sand Form Zr	覆膜锆英砂	—	—	2.1	—	—	成本低	铸造砂型和砂芯
Laser Form ST-200	覆膜不锈钢粉末	6.73	23	435(渗铜)	137 000	6	与不锈钢性能相近	金属模具和零件
Laser Form A6	覆膜 A6 钢和碳化钨粉末	7.8	2～40	610(渗铜)	138 000	2～4	与工具钢性能相近	金属模具

表 3-2　EOS 公司的 SLS 成形材料及其主要性能指标

材料型号	材料类型	密度/(g/cm³)	平均粒径/μm	拉伸强度/MPa	弹性模量/MPa	断裂伸长(%)	主要特点	用途
PA2200	尼龙粉末	0.435～0.445	60	45	1700	20	热稳定性和化学稳定性好	塑料 塑料功能件
PA3200GF	加玻璃微珠的尼龙粉末	0.59～0.62	60	48	3200	6	热稳定性和化学稳定性好	塑料 塑料功能件
Prime Cast 100	聚苯乙烯粉末	0.61	80	1.2～5.5	1600	0.4	成形性能优良	失蜡铸造
Quartz 4.2/5.7	酚醛树脂覆膜砂	4.2/5.7	140/ 160	—	—	—	成本低	铸造砂型和砂芯
Alumide	加金属铝的尼龙粉	—	—	45	3600	3	刚性好，金属外观	金属模具和零件
Direct Steal 20	不锈钢细粉末	—	20	600	130 000	—	—	金属模具和零件
Direct Steal H20	合金钢粉末	—	20	1100	180 000		与工具钢性能相近	金属模具和零件
Direct Metal 20	青铜粉	—	20	400	80 000	—	—	金属模具和零件

3.1.2 高分子聚合物粉末的 SLS 成形及研究进展

高分子聚合物粉末是最早获得成功应用的 SLS 成形材料，聚合物粉末与金属和陶瓷粉末相比，具有较低的成形温度，烧结所需的激光功率小，且其表面能低，因此，聚合物粉末是目前应用最多也是应用最成功的 SLS 材料。其品种和性能的多样性以及各种改性技术为它在 SLS 方面的应用提供了广阔的空间。SLS 3D 打印常用的高分子聚合物粉末材料有如下几类。

1. 聚碳酸酯(PolyCarbonate，PC)

聚碳酸酯具有突出的冲击韧性和尺寸稳定性，优良的机械强度、电绝缘性，良好的耐蠕变性、耐候性、低吸水性、无毒性、自熄性，使用温度范围宽，是一种综合性能优良的工程塑料。在 SLS 技术发展初期，PC 粉末就被用作 SLS 成形材料，也是研究报道较多的一种聚合物 SLS 材料。1993 年美国 DTM 公司的 Denucci 将 PC 粉末和熔模铸造用蜡进行了比较，认为 PC 粉末在快速制造薄壁和精密零件、复杂零件、需要耐高温和低温的零件方面具有优势。1996 年 Sandia Natl 实验室的 Atwood 等也对 PC 粉末采用 SLS 技术制造熔模铸造零件进行了研究，从原型件的应用，达到的精度、表面光洁度以及后处理等方面讨论了采用 PC 粉末的可行性，PC 粉末在 SLS 熔模铸造方面的应用获得了成功。香港大学的 Ho. 等在探索用 PC 粉末制造塑料功能件方面做了很多工作，他们研究了激光能量密度对 PC 形态、密度和拉伸强度的影响，虽然提高激光能量密度能大幅度提高原型件的密度和拉伸强度，但过高的激光能量密度会使原型件过度增长，尺寸精度变差，还会产生翘曲等问题，他们提出了有可能解决这些问题的措施；他们还研究了石墨粉末对 PC 激光烧结行为的影响，发现加入少量石墨粉末能显著提高 PC 粉末床的温度。华中科技大学的黎世冲等从另外一个角度探讨了 PC 粉末在制备塑料功能件方面应用的可能性，他们采用环氧树脂体系对 PC 原型件进行后处理，经过后处理增强的 PC 原型件的力学性能有了很大的提高，可用作普通的塑料功能件。

2. 聚苯乙烯(PolyStyrene，PS)

EOS 公司和 DTM 公司分别于 1998 年、1999 年推出了以聚苯乙烯为基体的 SLS 材料，这种 SLS 材料同 PC 相比，预热温度较低，翘曲变形小，成形性能优良，熔点更低，流动性更好，更加适合熔模铸造工艺，因此 PS 粉末几乎完全取代了 PC 粉末在熔模铸造方面的应用。北京隆源自动成形系统有限公司、武汉滨湖机电技术产业有限公司所推出的熔模铸造 SLS 材料均为 PS 粉末。

但 PS SLS 原型件的强度低，拉伸强度仅为 1～2 MPa，因此还不能满足熔模铸造的要求。孙海宵等人对PS原型件的渗蜡后处理进行了研究，研究结果表明，通过渗蜡后处理可以提高SLS原型件的强度，但表面光洁度的提高需要后续的人工打磨。研究还提出了精密铸造聚合物原型件的浸蜡后处理工艺，指出铸造蜡黏度、软化点的高低是选择后处理蜡的重要依据。根据研究结果，适合原型件的铸造用蜡应当满足如下条件：蜡液的黏度低，软化点一般小于70℃。通过合适的工艺并选择合适的蜡料，经渗蜡处理后的原型件精度可以控制在0.1%以下。

另外，在PS的SLS原型中渗入环氧树脂后，原型件的机械力学性能得以大幅提高，在一定程度上可作为塑料功能件应用，这也是目前国内应用SLS制作塑料功能件最为广泛的方法。

3. 尼龙(PolyAmide，PA)

尼龙是一种半结晶聚合物，直接烧结SLS尼龙粉末可以制造致密的、高强度的制件，可以直接用作塑料功能件，因此受到了广泛关注。DTM公司和EOS公司都将尼龙粉末作为SLS的主导材料。DTM公司推出了以尼龙粉末为基体的系列化SLS材料Dura Form、Dura Form GF、Copper PA等。其中，Dura Form GF是用玻璃微珠做填料的尼龙粉末，该材料具有良好的成形精度和外观质量；Copper PA是铜粉和尼龙粉末的混合物；聚醚醚酮(PEEK)等粉末具有较高的耐热性能，可直接制备注塑模具，用于聚乙烯(PE)、聚丙烯(PP)、PS等通用塑料制品的小批量生产，生产批量可达数百件。

2004年英国Liverpool大学的Gill和Hon研究了碳化硅粉末对SLS尼龙的影响。

华中科技大学的林柳兰等研究了尼龙1010的SLS成形工艺及性能。中国工程物理研究院的许超等以尼龙1212为SLS材料，分析了成形过程中激光与尼龙材料作用的物理过程，研究了预热温度、激光功率、扫描速度、扫描间距及铺粉参数等因素对尼龙材料SLS成形质量的影响。国内华中科技大学的杨劲松、闫春泽等于2007年用溶剂沉淀法制造了球形PA粉末，并用它在SLS3D打印机上打印了尼龙件。尼龙SLS成形时的翘曲变形量大，成形工艺复杂，材料的开发难度大，国内多家机构都作了探索，湖南华曙科技有限公司已于2012年推出了商品化的台面大小为500 mm×500 mm×500 mm的SLS 3D打印机，并自行研发出了国产尼龙粉末。

4. 聚丙烯(PolyPropylene，PP)

尼龙SLS 3D打印激光烧结的成形件具有较好的机械性能，适合于直接打印功能件。但进行SLS 3D打印激光烧结时其烧结温度范围很窄(仅为1℃～

2℃)，对打印设备的制造和打印工艺参数的控制很严格，用SLS 3D打印的制件极易产生翘曲和变形，而且尼龙粉末很容易老化，如果全部用经过SLS 3D打印完毕后未进行烧结的余粉直接烧结下一个成形制件，则不仅影响其SLS成形的操作顺利程度，而且其打印制件的性能也会降低，为此，不得不每次都添加大数量比例的新尼龙粉末，并混合均匀方能进行下一次制件的打印操作。国内华中科技大学文世峰等对日本的球形PP粉末进行了SLS 3D打印试验研究，打印出许多形状复杂、力学性能好的PP制件，经试制得出如下看法：

(1) PP粉末SLS烧结的制件的尺寸精度和表面粗糙度可与尼龙相当，力学性能中其强度略低于尼龙，但韧性高于尼龙，用PP打印的直径约50 mm的圆环形皮带扣可拖动两辆小汽车而不断裂。

(2) PP进行SLS 3D打印时的成形参数不苛刻，制件激光烧结的温度范围(称为激光窗口)比尼龙宽，球形粉末使铺粉操作阻力小，便于进行3D打印操作。

(3) 对SLS 3D打印机的设计制造要求不苛刻，打印制件时对PP粉的预热温度比尼龙低，且不需要通保护气体，故无需专门设计机器的保温、密封系统及要求高的加热系统等结构。

(4) PP粉末有极好的耐老化性能，故PP粉末在SLS 3D打印时的回用性好。因此，一些力学性能要求不苛刻的功能件可采用PP粉末打印制造。

5. 其他高分子聚合物

聚合物SLS粉末材料不仅能制备塑料功能件，还能制备具有橡胶特性的塑料功能件。1999年DSM Desotech公司推出了一种弹性体的SLS材料Somos 201，经成形后可制造汽车蛇形管、密封垫、密封条等柔性制品。

除上述几种用于SLS 3D激光烧结的高分子聚合材料外，其他许多高分子材料如聚乙烯(PolyEne, PE)、聚氯乙烯(PolyVinyl Chloride, PVC)、聚乙烯-丁二烯-丙烯腈三元共聚物(Acrylonitrile-Butadiene-Styrene, ABS)、聚对苯二甲酸丁二醇酯(PolyButylene Terephthalate, PBT)、聚丙烯酸酯类等都可用于激光烧结成形。这些材料由于在烧结工艺或烧结件性能方面没有突出的优点，因此研究和应用较少。

3.1.3 3D打印的金属粉末材料

金属粉末的SLS成形分为两大类：一类是金属粉末的间接SLS成形，即用聚合物作为金属粉末的黏结剂，包括覆膜金属粉末(如DTM公司的Rapid Steel 2.0)、金属与有机聚合物的共混粉末。这类金属粉末在SLS成形过程中，金属颗粒被有机聚合物黏结在一起，形成零件生坯(Green Part)，生坯经过高温脱除有机聚合物、渗铜等后处理，可制得密实的金属零件和金属模具。另一类是金属粉末的直接 SLS 成形工艺，为了克服烧结单一金属粉末时的球化现象，常用合金粉末来代替金属粉末，这类金属粉末需要用到大功率的激光器。这种方法因能够直接制造致密度较高的功能性金属零件和模具而备受关注，如 EOS 公司的 Direct Metal。

目前用 SLS 3D 打印成形金属零件属于间接成形法。间接成形法打印的金属制件所使用的金属粉末原料由高熔点和低熔点两种成分组成，高熔点粉末作为最终的 3D 打印制件的结构材料，而低熔点粉末则作为黏结剂，起黏结高熔点粉末使其成形的作用。黏结剂材料分为两类：

(1) 有机高聚物黏结剂，如 PA、PC、磷酸烯醇式丙酮酸(PhosphoEnol Pyruvate，PEP)、聚甲基丙烯酸甲酯(PolyMethyl MethAcrylate，PMMA)等，这些黏结剂只在 SLS 成形过程中起作用，后处理时必须将其脱除。

(2) 低熔点金属粉末，如 Cu、Sn 等。此类黏结剂在 SLS 成形后继续留在成形的生坯中，结构材料金属粉末间没有达到真正的冶金结合，只是靠黏结剂作用相联系，要真正达到冶金结合，必须要通过高温二次烧结。二次烧结后的金属制件依然存在空隙，根据原料粉末的种类、粒度、粒度级配分布及其烧结工艺不同，孔隙率也有所区别(40%～65%)，因此，烧结后的金属制件必须经过熔渗(浸渍)低熔点材料或致密化再成形来进一步提高其性能。对于金属熔渗材料，其液态最好能够良好地浸润结构材料粉末，而高聚物熔渗材料则由黏结金属的有机树脂充当。至于致密化，一般可采用等静压技术。

EOS 和 3D System 公司是两家用间接法制造 SLS 3D 打印金属制件的公司，主要生产注塑模和压铸模。EOS 用间接法制造金属件的尺寸是 250 mm×250 mm×200 mm，其开发的 Direct Steel 和 Direct Metal 系列金属混合物粉末材料，经 SLS 烧结后成形的金属制件无需熔渗金属和表面处理。而 3D System 公司开发的金属烧结系统 Sinter station pro140(230)成形的制件尺寸可达 550 mm×550 mm×450 mm，该公司开发的 Rapid Steel TM 和 Laser Form TM 系列粉末材料基本采用高聚物作为黏结剂，并将其包覆在金属粉末表面。两家公司的金属粉末均可制造金属模具，甚至是最终零件，但都需要对烧结的生坯进行二次烧结致密化处理。国内华中科技大学的杨劲松、闫春泽等于 2007 年采用溶剂沉淀法制造了用尼龙 12/铜覆膜的复合金属粉末，徐林等于 2008 年制造了铝/尼龙复合材料粉末，他们均用其开发的材料在 SLS 3D 打印机上打印了金属制件。

3.1.4 3D 打印的铸造覆膜砂

SLS 3D 打印的覆膜砂与铸造壳型用的覆膜砂类似，采用酚醛树脂等热固

性树脂包覆锆砂、石英砂的方法制备，如DTM公司的Sand Form Zr。在SLS成形过程中，酚醛树脂受热发生软化和固化，使覆膜砂黏结成形。由于激光加热时间很短，酚醛树脂在短时间内不能完全固化，SLS 3D打印制件的砂型(芯)强度较低，须对其进行后固化加热处理提高其强度，经后固化后的砂型或砂芯能够浇注金属铸件。

G. Casalino等人对覆膜砂的SLS成形做了大量的工作，并从2000年开始陆续报道了激光能量、扫描速度、扫描间距对层间黏结、表面质量之间的精度的影响。对覆膜砂的SLS成形工艺参数的研究表明，CO_2激光器的能量在25～60 W时就能够进行覆膜砂的SLS成形，扫描速度不能太低，以免树脂分解，0.3 mm是较好的层厚。G. Casalino等人后来又对覆膜砂SLS 3D打印的工艺参数和透气性、力学性能之间的关系作了进一步的研究。

从1999年开始，华中科技大学的樊自田等人对覆膜砂的SLS成形作了大量的研究工作，包括SLS成形工艺、后处理工艺、覆膜砂激光烧结固化的模型和机理、砂型(芯)的烧结强度和后固化强度。研究结果表明：由于激光束扫描加热时间短(为瞬间加热)、普通覆膜砂的热传导系数较小、加热温度不能太高等原因，一般用SLS成形的覆膜砂型(芯)的生坯强度较低。提高覆膜砂型(芯)烧结强度的措施是：选择合理的SLS成形工艺参数(激光束的输出功率、扫描速度等)，采用较小烧结层厚度和较高导热系数的覆膜砂。

SLS 3D打印使用的覆膜砂与壳型铸造用的覆膜砂相同，其原理是采用酚醛树脂等热固性树脂作黏结剂、六亚甲基四胺为固化剂包覆石英砂、锆砂等天然砂的表面，制成一层黏结剂包覆膜。覆膜砂为干态，像散砂一般具有流动性。在SLS 3D打印成形时，覆膜砂在激光束扫描加热下酚醛树脂膜受热熔融使砂粒产生黏结，随即在六次甲基四胺固化剂的作用下立即发生部分固化，形成烧结的砂芯或砂型。由于激光束扫描加热时间很短，酚醛树脂在短时间内不能完全固化，所烧结的砂型(芯)强度较低，因此需要对其再进行后固化处理，即将已进行SLS 3D打印的砂型(芯)置入用玻璃微珠等填充的铁皮箱中，送入烘箱，在180℃～200℃加热2～4 h使其强度提高到最终强度。对于砂型(芯)中悬臂的部分，烘烤时必须用玻璃微珠等材料进行填充，以防止砂型(芯)烘烤时变形、坍塌。

从1999年开始，华中科技大学的樊志田、沈其文、杨劲松等人对覆膜砂的SLS 3D打印成形进行了大量深入的研究工作，包括SLS 3D打印成形工艺、后处理工艺、覆膜砂激光烧结固化的模型和机理、砂型(芯)的烧结强度和后固化强度等。杨劲松确定了酚醛覆膜砂在SLS 3D打印成形时固化分两步进行：第一步固化在较低温度下进行，固化峰在150.5℃；第二步在较高温度下进行，固化峰在167.7℃。杨劲松还确定了第一固化阶段适合SLS 3D打印工艺的最佳工艺参数及第二阶段后固化的温度和加热时间。沈其文在2010年研发了BZ-2.5宝珠覆膜砂，为广西玉林柴油机厂用SLS 3D打印了KJ100型四气门六缸发动机缸盖的全套砂型(芯)，在国内首例成功浇注了内腔、外形尺寸精度合格、经水压试压不渗漏的蠕墨铸铁RuT-340大尺寸(长度接近1米)缸盖铸件。

3.1.5 陶瓷粉末的SLS成形及研究进展

陶瓷粉末的熔融温度很高，难以直接用激光烧结成形，因此，用于SLS工艺的陶瓷粉末是加有黏结剂的陶瓷粉末。在SLS成形过程中，利用熔化的黏结剂将陶瓷粉末黏结在一起，形成一定的形状，然后再通过等静压、高温焙烧等来获得足够的强度。常用的黏结剂有以下三类：

(1) 有机黏结剂，如聚甲基丙烯酸甲酯(PMMA)，用PMMA包覆Al_2O_3、ZrO_2、SiC等陶瓷粉末，经SLS成形后，再经过脱脂及高温烧结等后处理可以快捷地制造精密铸造用陶瓷型壳和工程陶瓷零件。

(2) 无机黏结剂，如磷酸二氢氨($NH_4H_2PO_4$)在烧结时熔化、分解、生成P_2O_5，P_2O_5继续与陶瓷基体Al_2O_3反应，最终生成$AlPO_4$，$AlPO_4$是一种无机黏结剂，可将陶瓷粉末黏结在一起。

(3) 金属黏结剂，如铝粉，在SLS成形过程中铝粉熔化，熔化的铝可将Al_2O_3粉末黏结在一起，同时还有一部分铝会在SLS成形过程中氧化，生成Al_2O_3，并释放出大量的热，促进Al_2O_3熔融、黏结。

目前陶瓷粉末的SLS成形工艺可用来制造空心叶片的陶瓷芯，然后通过模具压蜡，使蜡包裹陶瓷芯，再进行熔模精密铸造，最后获得高温合金的空心叶片，还可打印人体的置入件。

3.2 SLS 3D打印技术中最常用聚合物材料的应用

目前在SLS 3D打印中最常用的聚合材料有PS、PA及覆膜砂等。

3.2.1 PS SLS制件制成熔模精密铸造中的PS蜡模

传统熔模铸造所用蜡模多采用压型制造，而用SLS技术可以根据用户提供的二维、三维图形获得熔模，不需要制备压蜡的模具(称为压型)，在几天或几周内迅速精确地打印出原型件——首板模(或称手板)，大大缩短了新产品投入市场的周期，可实现快速占领市场的需要，并且可制造几乎任意复杂铸件的熔模，因此它一出现就受到了高度的关注，已在熔模铸造领域获得了广泛应用。

然而 SLS 制作熔模的模料性质不同于一般熔模精密铸造的蜡料，它具有如下特性：

(1) SLS 模料属于聚合物，分子量较大，熔化温度高，无固定的熔点，其熔化过程是在某个温度范围发生的，而且熔程长。

(2) SLS 模料的熔体黏度大，需要在较高的温度(400℃)下才能达到从精铸模壳脱除所需的黏度，不适用一般的水煮或蒸汽脱蜡釜等脱蜡方法。

(3) 当 SLS 模料整体被包裹在精铸模壳中，在缺氧条件下进行焙烧时，不能完全烧失，可能在模壳内形成残渣，使铸件产生夹渣等铸造缺陷。

1. SLS 蜡模模料的选择

虽然多种聚合物粉末都可进行 SLS 成形，如尼龙(PA)、聚碳酸酯(PC)、聚苯乙烯(PS)、高抗冲聚苯乙烯(HIPS)、ABS、石蜡等，但在选择作为熔模铸造的 SLS 模料时不仅要考虑 SLS 模料的成本、原型件的强度和精度，更要考虑 SLS 模料怎样从精密铸造型壳或石膏型中脱除的工艺。所用的 SLS 模料必须能够在脱蜡过程中完全脱除或烧失，留下的残留物很少(满足精密铸造的要求)。石蜡是熔模铸造中用得最多的一种优良模料，虽然国内外都对石蜡的 SLS 成形过程进行了大量的研究，但用 SLS 制作石蜡熔模的变形问题一直没有得到很好的解决。PC 材料具有激光烧结性能好、制件的强度较高等多种优良性能，也是最早用于铸造熔模和塑料功能件的聚合物材料，但 PC 的熔点很高，流动性不佳，需要较高的焙烧温度，因而现已被 PS 所取代。对于大多数情况而言，使用 PS 是比较恰当的，但 PS 的强度较低，原型件易断，不适合制备具有精细结构的复杂薄壁大型铸件的熔模。HIPS(高抗冲聚苯乙烯)是经改性的 PS，在大幅提高 PS 冲击强度的同时对其他性能的影响较小，但成本高一些。

2. PS 蜡模的制造过程

用 PS 聚合物粉末制作 SLS 熔模(即 PS 蜡模)的工艺过程是：将考虑了收缩率后的零件三维图形输入 SLS 3D 打印机中进行切片处理，并自动打印出 SLS 原型制件。成形完毕后，从打印机中取出打印好的 PS 原型制件，用软毛刷清除制件所有轮廓表面上的浮粉，再将清粉干净的 PS 原型制件浸入低熔点(55℃～62℃)蜡液中，直到蜡液中的气泡消失，蜡液已经完全吸入 PS 原型制件的空隙里面，完成浸渗蜡液过程，成为吸饱普通低温蜡液的“PS 蜡模”。之后将“PS 蜡模”从蜡槽中取出，用电烙铁等工具修补“PS 蜡模”的缺陷，亦可用强度较高的黏结蜡或 AB 胶将多块“PS 蜡模”黏结拼合成整体蜡模组。最后用不同牌号的砂布对“PS 蜡模”的表面进行打磨抛光(先用粗砂布打磨，后用细砂布抛光)，就可得到表面光滑、达到尺寸精度要求的“PS 蜡模”。

3. SLS原型件经渗蜡处理后的性能

SLS成形的PS原型件其空隙率均超过50%，不仅强度较低，而且表面粗糙，容易掉粉，不能满足熔模铸造的需要，因此必须对其进行后处理。与制造塑料功能件不同的是，SLS熔模所采用的办法是在多孔的SLS制件中渗入低温蜡料，以提高其强度并利于后续的打磨抛光。

因PS的软化点均在80℃左右，为防止渗蜡过程中PS SLS原型件变形，蜡液的熔点必须低于70℃(一般用熔点在55℃～62℃的小块状医用石蜡)，蜡的黏度在1.5～2.5 Pa·s较为合适。当把PS SLS原型件浸入蜡液后，蜡在毛细管的作用下渗入PS SLS原型件的空隙，经浸渗蜡液处理后，大部分空隙已被石蜡所填充，成为空隙率降到10%以下的"PS熔模"。从"PS熔模"的冲击断面来看(见图3-1)，大部分粉末颗粒已被石蜡所包裹，说明石蜡与PS有较好的相容性。表3-3所示为渗蜡后"PS熔模"的力学性能。由表3-3可知，经渗蜡后PS熔模的力学性能得以大幅提高。

(a) SLS PS原型

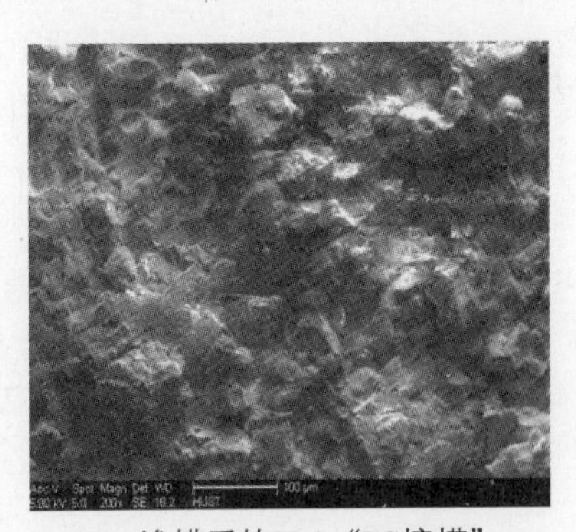

(b) 渗蜡后的SLS "PS熔模"

图3-1 SLS PS原型件和渗蜡后的SLS"PS熔模"的SEM照片

表3-3 SLS PS原型件和渗蜡后SLS"PS熔模"的力学性能

SLS PS制件	抗拉强度/MPa	伸长率(%)	杨氏模量/MPa	弯曲强度/MPa	冲击强度/(kJ/m²)
PS	1.57	5.03	9.42	1.87	1.82
PS(渗蜡)	4.34	5.73	23.46	6.89	3.56

4. PS蜡模料的最低脱除温度的确定

PS模料熔体黏度与温度的关系曲线如图3-2所示。可以看出，随着温度的升高，PS模料熔体黏度直线下降，虽然模料在160℃时开始熔化，但是当温

度达到 230℃时，熔融黏度才接近 100 Pa·s，这说明 PS 模料不仅黏度高，流动困难，而且对温度敏感，这是 PS 模料脱出工艺中必须考虑的因素。

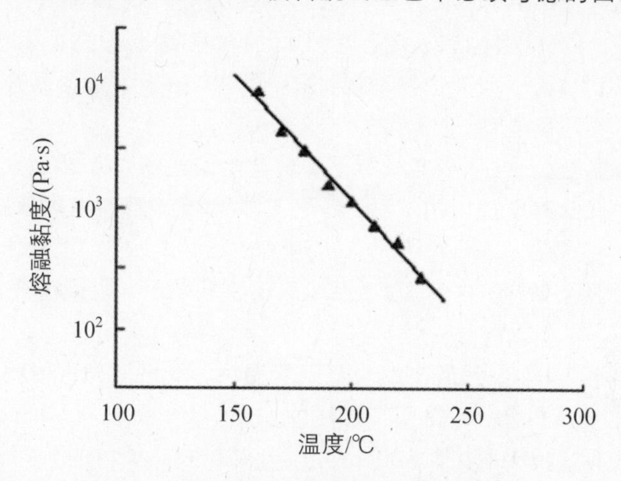

图 3-2 PS 模料熔体黏度与温度的关系

通过测定 PS 模料的热失重(TG)曲线(见图 3-3)，可以确定 PS 模料的分解温度。由图 3-3 可以看到，PS 在 270℃以下几乎不烧失和挥发；温度继续升高，模料开始降解，变为小分子气体开始逸出，因而急剧失重。PS 的最大分解温度为 369.71℃，分解终止温度为 400.02℃，最终残余量几乎为 0%(用重量分析法测得 PS 的灰分为 0.3%)。由此即可得出 PS 模料从精铸型壳中脱除的最低温度应不低于 400℃。

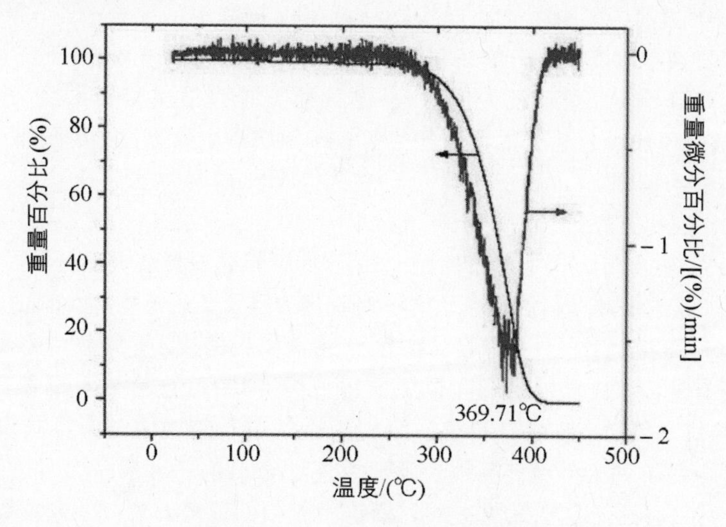

图 3-3 PS 的热失重(TG)曲线

5. PS SLS 模料的脱除与焙烧工艺

1) PS 模料脱除实验

(1) 将"PS 蜡模"经涂料、撒砂后得到的精密铸造型壳置于电炉中升温至180℃～200℃时，取出型壳进行观察，发现型壳内的 PS 模料已开始熔融，但由于黏度大，导致不能流动。

(2) 当升温至 250℃并保温 1 h 后，断电让型壳随炉冷却至室温，取出型壳进行观察，发现此时型壳内的 PS 模料已基本流出，但型壳内壁上还留有深棕色沉积物质。

(3) 当升温至 520℃并保温 1 h 后，取出进行观察，发现型壳内表面已被焙烧成灰白色。

(4) 升温至 700℃，然后自然冷却至室温后，取出型壳进行观察，发现型壳内表面已被焙烧成白色，即得到了合格的型壳。

由实验说明，模料脱出时应进行分段升温，先在模料的分解温度(300℃～400℃)以下保温一段时间，让大部分模料流出，而后升温至 PS 模料的完全分解温度，即可实现模料的完全烧失。

2) PS 模料的特性

PS 模料的特性如下：

(1) PS 模料是高分子材料，它不像普通石蜡有确定的熔点，PS 模料有一个熔融温度范围，其熔融完全的温度约为 400℃，大于普通石蜡的熔点(55℃～62℃)。

(2) PS 模料的熔融状态为糊状(流动性差，脱除时间要长一些，根据 PS 制件大小和复杂程度不同，一般在 300℃～400℃约保持 2～4 h，打开炉门看不到火焰时，即表示 PS 模料已脱完)，不像普通石蜡到了其熔点即为液体状(蜡液)。复杂蜡模如叶片轮子的精铸型壳等，最好从炉中取出后，用压缩空气吹净型壳内残留的灰分。

3) PS 模料脱除的工艺设计实例

图 3－4 所示为大尺寸水泵轮的 PS 蜡模(见图中绿色填充部分)。用 SLS 技术制作的 PS 蜡模其模料的黏度大，不易脱出，但只要能够掌握模料的特性，选择合适的分段脱出工艺，并在设计中重点注意模料的流出，熔模中形状简单的部位和所有浇、冒口及辅助浇注系统均用低熔点蜡料(可用热水或蒸汽脱出的蜡)，增加排气冒口、脱蜡口和模料熔失的通气道及辅助浇道等措施，PS 模料脱出过程中的不利因素就能得以克服，为浇注合格的铸件准备条件。同时，在焙烧工艺中，应注意使空气能进入到精铸型壳中的死角部位，让这些部位的 PS 模料能充分气化和燃烧，不致形成致密的碳化物沉积黏附在型壳内表面上，就

可浇注获得内在质量好、无夹渣的优质铸件。

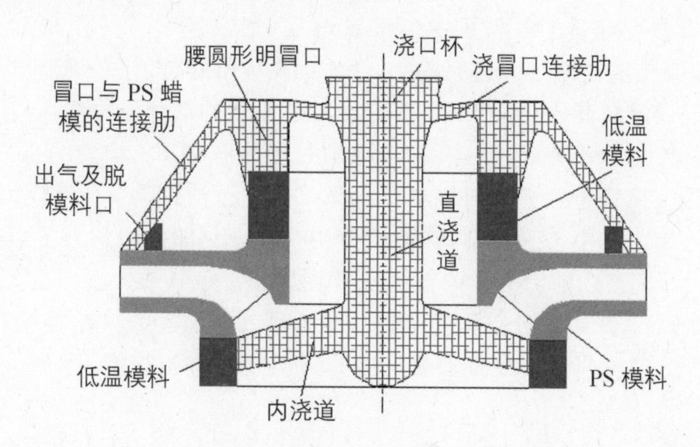

图3-4 大尺寸水泵轮PS熔模与普通低温模料蜡模的组合焊接

泵轮PS模料脱除的具体工艺流程如下：

(1) 在PS蜡模上焊接用普通蜡料制作的浇口棒，焊接时电烙铁在PS蜡模上停留的时间要稍微久一点，如焊接不方便，可以用烙铁在PS蜡模上烙一些普通蜡，然后再焊接。

(2) 对于尺寸较大的复杂件，应特别注意在PS蜡模上尽可能多焊接一些用普通蜡料制作的辅助浇道、排气道及加强肋等，并尽可能使其向脱蜡方向倾斜且相互连通，以便于PS模料的流出，如图3-4所示。

(3) 首先用热水或蒸汽脱除型壳上用普通蜡料制作的浇冒口及加强肋等，以便在型壳上形成复杂的孔道，在随后的炉内烘焙脱除PS模料的过程中，使炉内的热气能迅速从这些孔道进入，并立即直接与PS蜡模接触，加速PS模料的熔融和流出。对于尺寸大或形状复杂、薄壁的PS蜡模，尤其应注意在PS蜡模的型壳上，形成更多的热气流通道与PS蜡模接触，以加速PS模料的脱除，减少应力，防止型壳胀裂。

(4) 对于大尺寸的PS蜡模，建议围绕轮廓周围多开设向下倾斜的辅助浇道，然后与多种浇道连通，再多开几个垂直向下的流出口；对于高度方向很高的件，最好开设多层脱蜡口。下层的脱蜡口在PS蜡模脱除后，需用耐火泥堵塞，以防止浇注时钢水溢出(称为“跑火”)。

(5) 将脱除浇注系统中普通低温蜡后的PS熔模型壳送入室温的加热炉中，用砖搁置让其下部留空，同时应使型壳的浇口杯朝下，下面放置一块废旧铁皮或容器，以便承接熔出的PS糊状模料。然后关闭炉门，逐渐升温至370℃～400℃(根据蜡模壁厚与复杂程度而异)，保温1～2 h，PS模料可从模壳中全部脱出，流入承接 PS 模料的容器中。

(6) PS 模料与普通蜡料可用电烙铁焊接(烙铁停留时间稍微长一会儿)或用 A、B 双组分胶及黏结蜡进行黏结。PS 蜡模精密铸造时，一般浇口及冒口的形状均用普通蜡料制作，以节约 3D 打印成形制件的时间及材料。

(7) 生产中亦可采用利用精铸焙烧炉的余热脱除 PS 蜡模的工艺。当白班浇注的最后一批普通型壳从焙烧炉全部取出时，可立即将 PS 蜡模的型壳按上述方法迅速装入炉中(此时炉内余热约有 400℃)，立即关闭炉门下班(切记不要敞开炉门，否则产生的 PS 蜡模与空气接触燃烧，会形成大量黑色粉末到处飞扬，气味难闻)，直到次日该型壳中的 PS 模料就能流空，这时即可将此 PS 脱除后的型壳与其他常规脱蜡的型壳一起送入焙烧炉进行焙烧、浇注。

3.2.2 小泵轮 PS 蜡模的精密铸造工艺过程实例

图 3-5 所示为小泵轮 PS 蜡模的精密铸造工艺过程实例。

图(a)将泵轮的 PS 蜡模(图中上部的圆环)与普通蜡料压铸的模头(图中下部的浇冒口系统)用电烙铁组焊在一起。为防止 PS 蜡模在脱蜡时产生型壳胀裂，需在 PS 蜡模上多设计排蜡系统。

图(b)为浸浆。面层浸涂浆料浓度为 36 s，然后撒 1 号锆砂，干燥时间为 8 h。注意控制干燥时间，不可用强风吹，以避免干燥过渡造成掉渣。

图(c)为浸浆。面层浸涂浆料浓度为 36 s，然后撒 2 号锆砂，干燥时间为 12 h。要预浸处理，注意控制干燥时间，不可用强风吹。

图(d)为浸浆。背层浸涂浆料浓度为 32 s，然后撒 1 号细砂，干燥时间为 8 h，要预浸处理。

图(e)为浸浆。背层浸涂浆料浓度为 32 s，然后撒 2 号细砂，干燥时间为 8 h，要预浸处理。

图(f)为浸浆。背层补泥巴，干燥时间为 4 h。补泥巴不可过多和过厚，以防热结。

图(g)为浸浆。背层灌浆，干燥时间为 4 h。然后灌浆，不可过多和过厚，以防热结。

图(h)为浸浆。背层浸涂浆料浓度为 16 s，然后撒 1 号粗砂，干燥时间为 8 h。注意要预浸处理。

图(i)为浸浆。背层浸涂浆料浓度为 16 s，然后撒 2 号粗砂，干燥时间为 8 h。

图(j)中，背层捆绑铁丝加固后浸浆。

图(k)为浸浆。背层浸涂浆料浓度为 16 s，然后撒 3 号粗砂，干燥时间为 8 h。

图(l)中，浸白浆强化，干燥时间为 4 h。

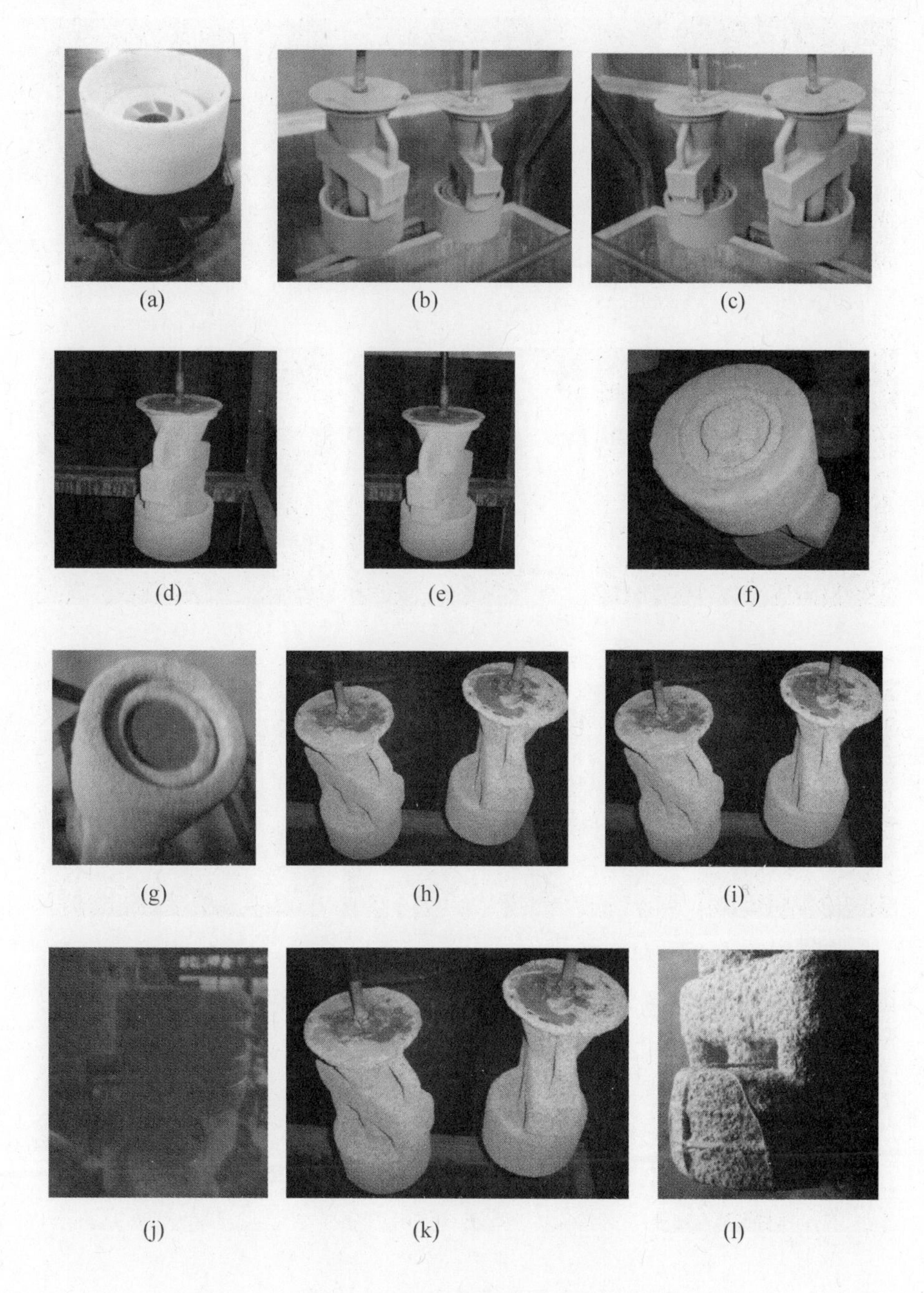

(a) (b) (c)

(d) (e) (f)

(g) (h) (i)

(j) (k) (l)

图 3-5　小泵轮 PS 蜡模的精密铸造工艺过程实例(1)

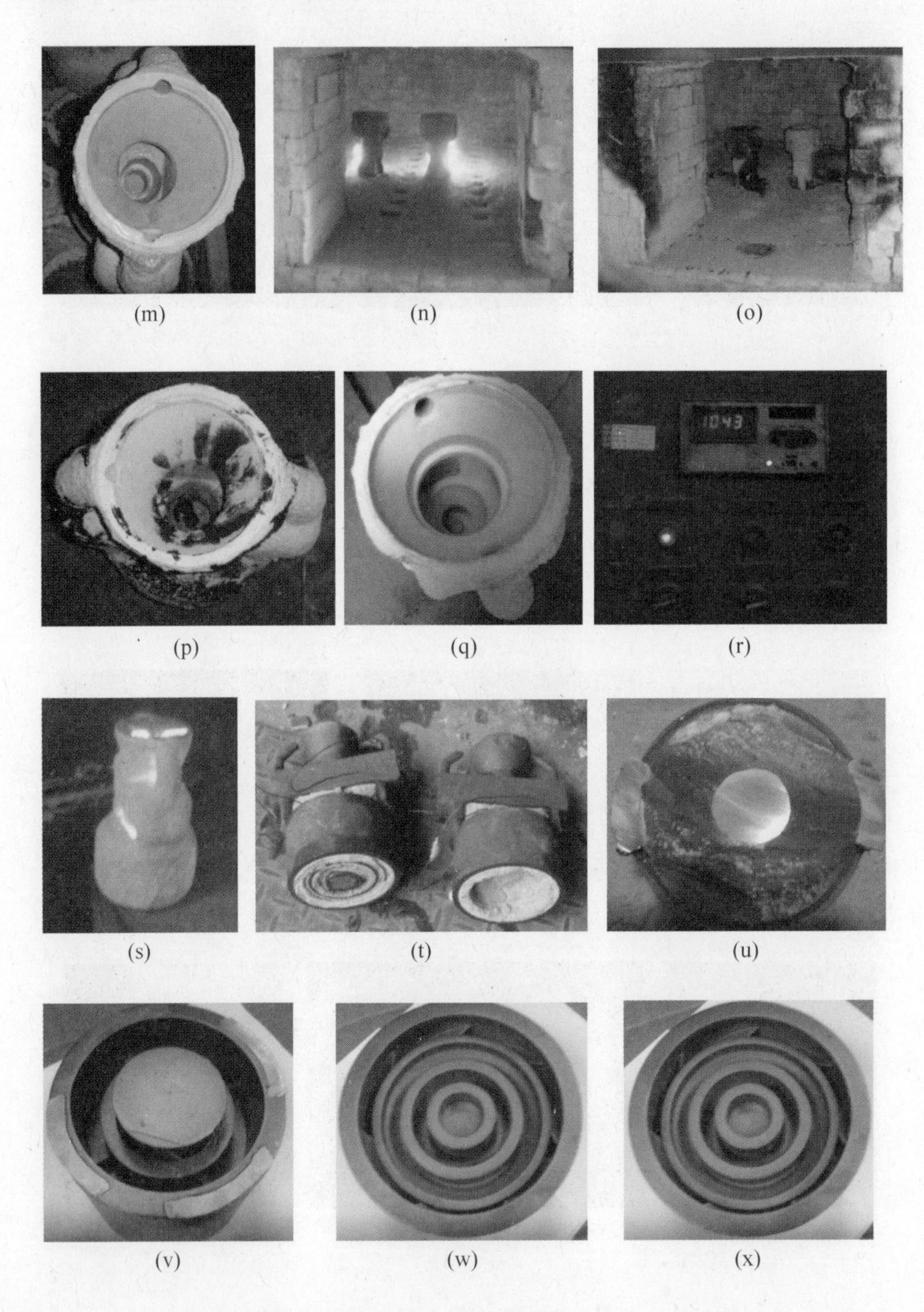

(m) (n) (o)

(p) (q) (r)

(s) (t) (u)

(v) (w) (x)

图 3-5　小泵轮 PS 蜡模的精密铸造工艺过程实例(2)

图(m)为脱蜡。只需将中温蜡脱出即可，脱蜡压力为 0.85 MPa，脱蜡时间为 12 min。注意型壳不得有破裂现象。

图(n)为焙烧。先将型壳放入 400℃～500℃的烧结炉里，大约 20 分钟后，烧结炉中的型壳出现了火光，此时 PS 蜡模已经被烧着。

图(o)中，3 h±20 min 后，烧结炉里中型壳的火光熄灭，此时可以断定 PS 型壳中的模料已经全部融掉。

图(p)中，将型壳从烧结炉中取出，用风枪将里面的灰吹干净。同时注意不可让其他杂物掉入型壳内。

图(q)所示为 PS 模料完全脱除并将炭灰吹干净的型壳。

图(r)中，把吹干净的型壳再次放入高温焙烧炉里，在 1050℃±10℃下焙烧 90 min。

图(s)中，将高温焙烧好的型壳从炉中取出，立即用 1450℃±10℃的钢水进行浇注。

图(t)中，待铸件冷却后，便对其进行振壳处理，把铸件上的型壳振落下来。

图(u)中，切割出去浇冒口(预留浇冒口痕迹，不可切伤铸件)。

图(v)为磨平浇冒口(不可过磨)。

图(w)为喷砂(产品上所有的砂必须清干净)。

图(x)为产品检验(产品不可有变形、缩孔、浇不足等)。

3.2.3　用间接法制造增强塑料功能件

PS 具有良好的 SLS 成形性能，预热温度低，预热温度窗口宽，PS 浮粉容易清理，但原型件中存有大量孔隙，力学性能达不到塑料功能件的要求，需要进行增强后处理。环氧树脂具有固化收缩率低、与 PS 的溶度参数接近、可调性强等特点，是后处理增强的首选树脂。华中科技大学杨劲松对溶度参数、浸润与渗透、固化速度对后处理增强的影响进行了研究后，提出了通过低温和中温固化剂的配合，成功开发出了间接法制备塑料功能件的增强树脂材料和相应的后处理工艺。通过增强后，原型件的力学性能得以大幅提高，满足了一般塑料功能件的要求。

间接法制造塑料功能件是指对 SLS 3D 成形的多孔聚合物塑料原型件进行渗树脂增强，从而达到塑料功能件的要求。虽然采用间接制造方法得到的塑料功能件的性能不如直接法(如用注塑机直接进行注塑)，但无定型聚合物的烧结性能好，而经后处理增强后其性能也能满足一般塑料功能件的要求，且工艺简单，成本低，精度高。因此，它仍是获得塑料功能件的一种重要方法。

1. 增强材料相溶性的选择依据——溶度参数

间接法制造塑料功能件是指将液体的增强树脂渗透到 SLS 原型件中，以填充粉末颗粒间的空隙，从而达到对 SLS 原型件增强的目的。从理论上讲，为使最终的制件有较高的力学性能，希望增强树脂与 SLS 材料能够很好地相溶，即两者要有较好的相溶性，只有两者互相扩散，互相渗透，才能达到最佳的增强效果。

化学上常用溶度参数来判断材料之间相溶性的好坏，溶度参数越接近，两者的相溶性越好，增强效果越好，溶度参数原则与极性原则相结合能够比较准确地判断相溶性。SLS 所用的 PS 粉末的溶度参数 δ 为 8.7～9.1，与聚酯类比较接近，而环氧树脂的溶度参数 δ 为 9.7～10.9，与不同的固化剂和稀释剂配合时溶度参数有所不同。

然而，对于增强树脂来说必须考虑精度，如 502 胶虽然与 PS 具有较好的相溶性，但因相溶性太好，导致在渗透过程中，PS 原型件完全溶解。AB 胶、聚酯类也与 PS 具有较好的相溶性，虽然不会使 PS 溶解，却会使原型件变软。

用溶度参数的原则来衡量，环氧树脂与 PS 的溶度参数相差并不是很大。从极性原则上讲，两者的极性相差也不太远，适中的相溶性和可调性是最终选择环氧树脂的重要原因。为使最终的制件强度更高，应通过调节固化剂和稀释剂来提高相溶性；为减小后处理过程中的变形，应降低相溶性。所以，为了保证最终制件的精度，增强树脂与 PS 的相溶性不能太好，但同时相溶性也不能太差，以至于不能与 PS 蜡模润湿。增强树脂的溶度参数由环氧树脂、稀释剂和固化剂共同决定，而树脂的选择余地不大，因此增强树脂与 PS 的相溶性好坏主要由固化剂和稀释剂来决定。然而，环氧树脂固化剂和稀释剂的品种繁多，改性的手段也很多，特别是固化剂多为混合物，无法从手册中查得溶度参数值，要测量每种固化剂的溶度参数不可能，也没有必要。所以在进行选择时估算是必要的，再结合极性原则，可初步估算增强树脂与 PS 的相溶性好坏。

为了提高增强后制件的强度和获得较好的外观，良好的浸润与渗透是必要的。如果渗透不完全，就会有较多的气泡存在于制件中，不仅影响强度，而且影响美观。环氧树脂可以对 PS 原型件进行浸润，从而渗透到原型件的空隙中。

浸润的动力学因素与原型件的孔隙结构、表面张力和增强树脂的黏度有关。当液体的表面张力、接触角一定时，液体沿毛细管渗透的深度与毛细管的直径、渗透时间和黏度相关，因此可通过调节增强树脂的黏度和固化时间来达到完全渗透。

2. 增强反应的理想状态

理想的状态是：

(1) 初始的反应速度较慢，黏度上升缓慢，这样树脂就有足够的时间来渗透。

(2) 反应进行一段时间后由于升温而自动加速，反应速度逐渐加快，当达到凝胶时，树脂失去流动性，第一阶段反应结束，反应速度下降，这样就有足

够的时间来去除表面多余的树脂，最后升温固化完全。要满足这样的固化条件，固化应分成两步，前一步为低温固化剂的反应，而后一步则是中温固化剂的固化反应，因此选择 A(低温固化剂)、B(中温固化剂)进行调节，可得到与理想固化模型相接近的后处理增强树脂。

实验表明，用 A、B 混合固化剂后，制件断面光滑，气泡少，显示出了对 PS 材料良好的润湿性，树脂在渗透后很快失去了流动性，因此没有因液体的渗出而出现的气泡和缺胶现象，所以经后处理的制件有较高的强度和较好的外观。

3. 推荐的后处理增强工艺流程

后处理增强工艺流程如下：

(1) 清除原型件表面的浮粉。

(2) 使用前将增强树脂配成两组份，使用时按比例混合。

(3) 渗树脂时用毛刷蘸取少量树脂从上表面开始渗透，树脂在重力的作用下逐渐浸入原型件的孔隙中，在整个渗透过程中保证渗透表面有树脂存在，直到渗透结束，为使孔隙中的空气能够排出，渗透时必须保证至少有一个面能够排出空气。

(4) 待原型件的孔隙完全渗透后，在室温下固化，当树脂的黏度增加，失去流动性后，立即用纸吸去表面多余的树脂。

(5) 在室温下继续固化 2～4 h 后于 40℃烘箱中固化 2 h，再将烘箱的温度升高至 60℃固化 2 h。

(6) 打磨抛光并检查零件尺寸即得所需要的塑料功能件。

4. PS 增强后处理工艺配方及性能

表 3-4 为经增强后处理的 SLS 原型制件的密度和力学性能。研究表明，环氧树脂具有固化收缩率低、与 PS 的溶度参数接近、可调性强等特点，是后处理增强的首选树脂。研究人员在对溶度参数、浸润与渗透、固化速度对后处理增强的影响进行了研究后，提出了通过低温和中温固化剂的配合，成功开发出了间接法制备塑料功能件的增强树脂材料和相应的后处理工艺。通过增强后，原型件的力学性能得以大幅提高，满足了一般塑料功能件的要求。图 3-6 所示为增强后处理的 PS 塑料件。

表 3-4　经增强后处理的 SLS PS 原型制件的密度和力学性能

原型件材料	密度 /(g/cm^3)	抗拉强度 /MPa	断裂伸长率 (%)	拉伸模量 /MPa	冲击强度 /(kJ/m^2)
PS	1.03	25.2	4.3	325.7	3.39

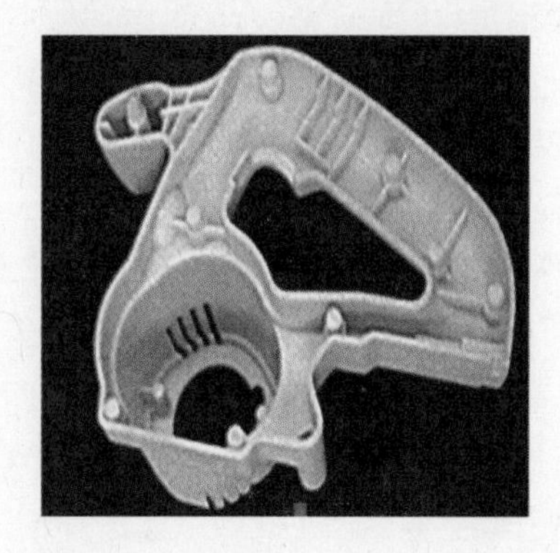

图 3-6　经过增强后处理的 PS 原型制件

3.2.4　用 SLS 烧结尼龙(PA)粉末的实用性研究

1. 尼龙(PA)粉末的问题

虽然 3D System 公司和 EOS 公司都相继推出了专用的 SLS 激光烧结的尼龙粉末材料，但激光烧结对尼龙粉末的要求十分严格，要求具有较细的粒径及窄的粒径分布，粉末表面平整光滑，几何形貌近似球形。进口尼龙虽然烧结出了强度较好的塑料功能件，但预热温度高，预热温度窗口窄(仅为 1℃～2℃)，且需在氮气保护中进行，未烧结粉末的重复利用率低，而且直接烧结尼龙只能在小台面的 SLS 设备(台面尺寸为 320 mm×320 mm)上成形。要实现直接烧结尼龙制造塑料功能件，自主开发 SLS 专用的国产尼龙粉末就成为当务之急。

2. 开发工艺性能优良的 SLS 尼龙(PA)粉末

开发工艺性能优良的尼龙粉末的目的是优选一种烧结温度适当、烧结件不易翘曲变形、力学性能优良的尼龙。最常用的尼龙牌号为尼龙 6、尼龙 66、尼龙 11 及尼龙 12 等。尼龙 6 和尼龙 66 由于分子中的酰胺基密度大而具有较高的吸水率，吸水破坏了尼龙分子间的氢键，在高温下还会发生水解导致分子量下降，从而使制件的强度和模量显著下降，尺寸发生较大变化。尼龙 12 的熔融温度最低，吸水率和成形收缩率都较小，因而被首选。使用溶剂沉淀法制备的粉末形貌和粒径与溶剂有很大关系，粒径分布集中在 30～50 μm 的粉末对 SLS 成形特别有利。因为在 SLS 成形过程中，粒径太小不仅使粉末变得蓬松，堆密度降低，而且容易黏附在铺粉辊上，不利于粉末的铺平。粒径过粗，则成形性能恶化，制件的表面粗糙。

华中科技大学的杨劲松等人采用以乙醇为主的溶剂沉淀法制备了尼龙 12

粉末，研究了溶剂、搅拌速度、溶解温度、降温工艺等对粉末粒径及其分布、粉末几何形貌的影响，在体系中加入了少量的异相成核剂，在降温过程中增加了一个成核阶段的方法，最终成功制备了粒径可控、分布窄、几何形貌规则的尼龙 12 粉末，并在制备尼龙 12 粉末过程中加入了四组分抗氧化体系，对尼龙 12 粉末进行了防老化处理，取得了较好的效果。

3. 尼龙 12 粉末的激光烧结特性研究

1）激光烧结过程中尼龙 12 制件的收缩与翘曲变形

SLS 成形过程中的收缩与翘曲变形是其成形失败的主要原因。尼龙 12 是结晶聚合物，在 SLS 成形过程中很容易出现翘曲现象，尤其是最初几层，其原因是：① 第一层粉末床的温度较低，激光扫描过的烧结体与周围粉末存在较大温差，烧结体周边很快冷却，产生收缩而使烧结原型件边缘翘曲；② 第一层的烧结体收缩发生在松散的粉末表面，只需要很小的应力就可以使烧结层发生翘曲，因此第一层的成形最为关键。在随后的成形中，由于有底层的固定作用，翘曲倾向逐渐减小。严格控制粉末床温度是解决尼龙 12 SLS 成形过程中翘曲问题的重要手段。当粉末床温度接近于尼龙 12 的熔点时，激光输入的能量恰好能使尼龙 12 熔融，即激光仅提供尼龙 12 熔融所需的热量。由于熔体与周围粉末的温差小，因此单层扫描过程中尼龙 12 处在完全的熔融状态，烧结后熔体冷却，其应力逐渐释放，这样就可避免翘曲变形的发生。

2）粉末形状对 SLS 制件收缩的影响

非球形粉末烧结时，粉末首先相互粘连形成瓶颈，而后发生球化，进而再熔合。由于粉末在球化前已相互粘连，因此粉末球化的应力使收缩不仅发生在高度方向，也同样存在于水平方向，从而导致激光烧结时发生边缘卷曲变形现象。目前 SLS 工艺使用的尼龙 12 均为球形粉末。球形粉末烧结过程只包括瓶颈长大与粉末完全熔化致密化过程，没有球化过程，因而在水平方向的收缩小，并且球形粉末的堆密度要高于非球形粉末，致密化的体积收缩小。综合以上原因，球形粉末激光烧结时的收缩低于非球形粉末。

3）粉末粒径及其分布对 SLS 制件成形预热温度的影响

随着粉末粒径的增加，预热温度升高，同时结块温度也有所增加，而预热温度窗口变窄。当粒径大于 65.9 μm 后，粉末的预热温度超过 170℃，SLS 成形过程就无法进行了。表 3－5 所示为粒径对预热温度的影响。粉末越细，表面积越大，相应的表面能也越大，烧结温度越低，因此烧结温度随粉末粒径的减小而降低。激光功率一定时，激光穿透深度随着粉末粒径的增加而增加，而扫描第一层时烧结体最容易产生翘曲变形，穿透深度的增加使得表面所获得的能量降低，熔体的温度降低，同时穿透深度越深，烧结深度也就越高，收缩应力就越大，因此粉末粒径越粗，烧结第一层时越易翘曲变形。由于烧结时热量由外向内传递，所以粗粉末烧结时熔化比细粉末慢，若粉末过粗，则烧结时部分粉末可能不能完全熔化，在冷却的过程中起晶核的作用，从而加快了粉末的结晶化速度。总之，粗粒径粉末对 SLS 成形十分不利。

细粉末的烧结温度低，有利于第一层的烧结，但为防止粉末的结块，成形时往往需要维持较低的预热温度，这可能会造成烧结体整体的变形。因此，为获得良好的激光烧结性能，尼龙粉末的粒径需要维持在一定的范围之内。根据实验，尼龙粉末的粒径在 40～50 μm 可以获得较好的效果。

表 3-5　粉末粒径对 SLS 成形预热温度的影响

平均粒径/μm	28.5	40.8	45.2	57.6	65.9
预热温度/(℃)	166～168	167～169	167～169	168～169	～170

4）扫描工艺的影响

尼龙 12 的扫描工艺对烧结体的翘曲变形有着显著的影响。单层激光扫描时，激光功率与翘曲变形和预热温度的关系如表 3-6 所示。

表 3-6　激光功率对烧结的影响

激光功率/W	8	9	9	10	10	11
预热温度/(℃)	166	166	167	167	168	168
现象	成功	翘曲	成功	翘曲	成功	翘曲

由表 3-6 可见，激光功率越高，单层扫描时越易翘曲变形，可能是由于激光功率越高，烧结深度越大，则烧结部分的收缩应力越高。因此，在扫描第一层时尽量用较低的激光功率。

对于多层扫描，随着激光功率的增加，烧结体的温度升高，冷却速度变慢，因此翘曲变形的倾向减小。随着激光扫描速度的增加，扫描的时间缩短，热损失减少，烧结原型件温度升高，因此翘曲变形的倾向减小。表 3-7 所示为多层层叠激光扫描时不同激光功率下的预热温度。

表 3-7　多层叠加激光扫描时不同激光功率下的预热温度

激光功率/W	6	7	8	9	10
预热温度/(℃)	166	164	163	163	162
备　注	制件表面的浮粉清理困难			当烧结体厚度超过 2 mm 后，新铺的粉末立即熔化，扫描后熔体流动向周围扩散	

由表 3-7 可知，较高的激光功率可以弥补预热温度的不足，防止尼龙翘曲变

形，因此在扫描完第一层后，可以适当地降低预热温度。但激光功率大于9 W后，随着烧结厚度的增加，能量的累积十分明显，SLS烧结原型件过热，由于烧结制件的温度过高，粉刚铺上就被底层热量所熔化，经激光扫描后，烧结原型件热量向周围扩散，未扫描的部分也熔化，严重影响原型件的精度，烧结原型件小孔中的粉末则完全熔化，与实体熔合在一起。因此，随着烧结厚度的增加，应适当降低激光功率。

实际上，由于原型件形状不规则，所以截面也是不断变化的，激光扫描时通常是新截面与多层扫描同时存在，不同位置烧结的厚度也不一致，能量累积程度不同。对于一个复杂的原型件，激光扫描时要不断地变换激光功率和预热温度是十分困难的，一般只能维持相对恒定的温度和功率。因此除新的大截面外，应采用163℃～164℃的预热温度，7～8 W的激光功率，对于厚且大的原型件，当出现过熔时，可适当地降低激光功率。

5）预热时间与设备保温性能的影响

SLS设备的加热方式为粉末床上方辐射加热，因此用红外测温的结果只能代表粉末床表面的温度，但SLS原型件能量的散失还取决于粉末床表面下的温度和空气温度。实际上，粉末在垂直方向上的温度梯度很大，表面温度要比下层温度高很多。将温度计埋于SLS设备(台面尺寸为320 mm×320 mm×450 mm)的粉末床中距表面5～10 mm处，经1 h后，测定此处的温度，与用红外测定的粉末床表面温度对比，结果如表3-8所示。

表3-8 粉末床表面温度与其下层温度

粉末床表面温度/(℃)	120	130	140	150	160	169
距粉末床表面5～10 mm处温度/(℃)	100	107	115	122	129	135
温度差/(℃)	20	23	25	28	31	34

由表3-8可知，随着预热温度的升高，垂直方向上的温度梯度变大，当粉末床表面温度为169℃时，距表面5～10 mm深处的温度仅为135℃，与粉末床表面的温度相差为34℃。由于粉末床表面以下的温度很低，因此烧结原型件向粉末床下部传热快，烧结后的制件易翘曲变形。

预热时间对温度梯度也有显著的影响，如表3-9所示。随着预热时间的延长，粉末床下部的温度升高，温度梯度减小，因此，延长预热时间有利于减小烧结的翘曲变形，但加热时间大于90 min后，粉末床表面下的温度差几乎不变，说明温度达到了平衡。尼龙在高温下易于老化，延长预热时间实际上也加速了尼龙老化的速度，从而减少了尼龙可以重复回收的次数。

表 3-9　预热时间与温度梯度

预热时间/min	20	30	60	90	120	150
表面温度/(℃)	169	169	169	169	169	169
距粉末床表面 5～10 mm 处温度/(℃)	113	127	135	138	139	141
温度差/(℃)	56	42	34	31	30	28

为提高粉末床表面下的温度，通过延长预热时间的效果有限，当预热时间为 150 min 时，温度差仍然有 28℃，说明粉末的导热性能不好，且延长时间会加速尼龙的老化。研究表明，将预热的方式改为预热 30 min 后，开始以 0.2 mm 的厚度铺粉，每层粉末的预热温度均升至 169℃，直到新铺粉的厚度达到 10 mm，不仅缩短了尼龙粉末的预热时间，而且减小了其温度梯度，有利于防止 SLS 成形尼龙件的翘曲变形。

6) 尼龙 12 粉末热氧老化的影响

老化的尼龙 12 粉末 SLS 成形时表现为易结块，难熔化，流动性差，易翘曲，多次循环使用的尼龙 12 需要更高的激光能量才能将其完全熔化。即使在尼龙 12 结块时进行激光扫描，烧结的原型件仍然会发生翘曲。所以老化对尼龙 12 的成形十分不利。国内外在用尼龙粉末进行激光烧结时，均需要氮气保护，并且在旧粉末中加入至少 30%的新粉末才能再次使用。

7) 尼龙 12 SLS 制件的力学性能与精度

尼龙 12 粉末的激光制件与尼龙 12 模塑件之间的性能比较是：尼龙 12 SLS 制件的密度为 0.98 g/cm^3，达到尼龙 12 模塑件密度的 95%，表明烧结性能良好(96%是粉末烧结的上限)。尼龙 12 SLS 试样的拉伸强度、弯曲模量和热变形温度等性能指标与模塑件比较接近。但试样的断裂行为与模塑件有较大的差别，模塑尼龙 12 的断裂伸长率达到 200%，而 SLS 尼龙 12 试样在拉伸过程中没有颈缩现象，试样在屈服点时即发生断裂，断裂伸长率仅为模塑件的十分之一。尼龙 12 SLS 试样的断裂行为属于脆性断裂，这是因为尼龙 12 SLS 试样中少量的孔隙起应力集中作用，使材料由韧性断裂变为脆性断裂，冲击强度大大低于模塑件。

精度不高是制约激光烧结尼龙 12 粉末应用的重要难题，影响制件精度的主要因素有：制件变形、尺寸收缩和未烧结粉末的熔融。尼龙 12 属结晶聚合物，结晶时伴有较大的收缩。虽然在成形前已经进行了尺寸的放缩，但收缩导致原型件变形的情况还是时常发生。为减小收缩应力造成的变形，成形时需将零件倾斜，避免扫描大的平面。尼龙 12 粉末 SLS 成形时的预热温度很高，并且接近熔点，激光扫描后热量的传导常使得烧结体周边的粉末也开始熔化，虽

然尼龙 12 粉末的熔融潜热大，有利于阻止这种现象的发生，但由于大面积的烧结热量集中，因此这种现象仍然很难避免。熔融区的热传导使周围的粉末熔融烧结，使制件边界不清晰，尺寸变大，孔洞缩小，甚至孔洞消失。尼龙结晶时会放出大量的潜热，若制件的尺寸大，这些潜热也会使得周围的粉末熔化。降低激光功率和预热温度可缓解这一现象。

SLS 成形中产生的体积收缩将使原型件的实际尺寸小于设计尺寸，即尺寸误差为负值。尼龙 12 SLS 成形时水平方向的平均收缩率为 2.5%左右，高度方向的收缩率为 1%～1.5%。这种由材料收缩产生的尺寸误差可通过在计算机上设定制件的尺寸修正系数进行补偿。对于由于热导致的未扫描区域的熔化，除新截面外，应降低预热温度，对大面积扫描应适当降低激光功率，但若在扫描大面积的同时出现新截面，两者就很难兼顾，这一问题十分难解决，因此激光烧结尼龙 12 粉末不适合于制造大尺寸零件。

4. 尼龙 12 粉末的 SLS 成形小结

由于尼龙 12 熔体的收缩较大，SLS 成形过程中易发生翘曲变形，预热温度窗口窄，因此对操作有较高的要求。在尼龙 12 的 SLS 成形过程中，虽然结晶收缩最大，但研究发现烧结翘曲与熔体黏度有关，而不是由结晶温度决定的，同时还受粉末形貌、粉末粒径及其分布等因素影响。窄粒径分布时，粒度为 40～50 μm 的球形粉末对 SLS 成形有利。成形工艺对原型件的变形和精度有着显著的影响，单层扫描时激光功率越高，烧结深度越大，烧结制件越易翘曲变形，但多层扫描时大的激光功率有利于提高烧结制件的温度，减小翘曲变形。

3.3　SLS 3D 打印技术所用覆膜砂材料的应用

3.3.1　覆膜砂型(芯)SLS 3D 打印的技术问题和解决方法

近年来用 SLS 技术制备熔模，再通过精密铸造方法获得金属件已得到了广泛应用。但对一些尺寸较大的复杂金属零件，特别是内腔流道复杂的铸件(如发动机缸盖、液压阀体铸件、随形冷却水道的金属模具等)，则不能用 SLS 熔模精铸的方法。用传统方法制备砂型(芯)时，通常要将砂型、砂芯分成几块分别制造，然后再进行拼合组装成整体，因而需要考虑装配定位和精度问题。而用 SLS 技术可实现砂型(芯)的整体制备，大大简化生产工艺准备和制造过程，提高铸型的整体尺寸精度。因此，用 SLS 技术制备覆膜砂型(芯)在铸造中有着广阔的应用前景，然而目前仍然存在如下问题有待进一步解决：

(1) 由于分层叠加的原因，SLS 覆膜砂型(芯)在曲面或斜面上呈明显的

“阶梯形”，因此覆膜砂型(芯)的精度和表面粗糙度不太理想。

(2) SLS覆膜砂型(芯)的强度偏低，难以成形精细结构。

(3) SLS覆膜砂型(芯)的表面，特别是底面浮砂的清理比较困难，严重影响其精度。

(4) 固化收缩大，易翘曲变形，砂的摩擦大，容易被铺粉辊铺粉时所推动，成功率低。

(5) 覆膜砂中的树脂含量高，浇注时砂型(芯)的发气量大，易使铸件产生气孔等缺陷。

国内外的许多学者从覆膜砂的SLS成形工艺、后固化工艺以及砂型(芯)设计等方面进行了大量的研究，并得出以下结论：

(1) 砂型(芯)的截面积不能太小。如果首层砂型(芯)的截面积太小，则由于定位不稳固，铺粉时，容易被铺粉辊所移动，从而影响砂型(芯)的精度。

(2) 不允许砂型(芯)中间突然出现“孤岛”。“孤岛”部分由于没有“底部”固定，容易在铺粉过程中发生移动。但“孤岛”在砂型(芯)的整体制备时常常会出现。如有此情况出现，应考虑砂型(芯)的其他设计方案。

(3) 要避免“悬臂”式结构。由于悬臂处的固定不稳固，因此除了在悬臂处易发生翘曲变形外，铺砂时还容易产生砂型(芯)的移动。

(4) 砂型(芯)要尽量避免以“倒梯形”结构进行制备。

根据以往的经验解决上述问题的措施是：在烧结独立的新截面时，在保证不过烧的情况下应尽可能采用较大的激光能量密度、较低的扫描速度和较小的扫描间距；而激光烧结重叠区域时，在保证SLS成形件强度的条件下应尽可能采用较小的激光能量密度、较快的扫描速度和适中的扫描间距，这样才能避免能量的叠加对浮砂清理带来的不利影响。

3.3.2 确定SLS覆膜砂的原材料和打印成形工艺参数分析

1. 覆膜砂材料组成及性能

覆膜砂是由黏结剂(酚醛树脂)、固化剂(六亚甲基四胺)、润滑剂(硬脂酸钙)，采用热法覆膜设备将原砂砂粒包覆而成的。目前常用的覆膜砂的原砂有两类：① 擦洗球形天然石英砂，粒度为70～140目、100～200目，砂粒形状一般为多角形；② 电熔砂(如宝珠砂就是将铝矾土经高温电熔后，再喷雾制成的人造砂)。覆膜砂原砂的粒度一般根据不同铸件可选用100～200目、140～70目和70～140目等，砂粒形状一般为球形。重要复杂铸件的砂芯，如汽车及柴油发动机缸盖的砂芯，一般要求强度高，能承受金属液的压力，同时又希望在浇注金属液时砂芯的发气性要低，所以必须控制覆膜砂树脂的含量(一般占砂

粒重量 1.5%～3.5%)。覆膜砂的性能如表 3－10 所示。

表 3－10　多角形石英覆膜砂和宝珠覆膜砂的性能

	批号	2010－1－13	2010－1－13	2010－1－5	检测依据或条件
	项目名称	检测结果	检测结果	检测结果	
主要项目	粒　度	100%多角形砂 AFS:140/70	100%宝珠砂 AFS:140/70	100%宝珠砂 AFS:140/70	GB2684
主要项目	灼减(%)	3.68	2.66	3.56	2 g 试样 1000℃ 灼减 30 min 后,冷却至室温测定
主要项目	热态抗拉/MPa	3.65	6.15	7.36	0.5 MPa 压力射芯,232℃±10℃固化 2 min,取芯后冷却 30 min 测定
主要项目	常温抗弯/MPa	9.98	17.40	20.13	0.5 MPa 压力射芯,232℃±10℃固化 2 min,取芯后冷却 30 min 测定
主要项目	熔点/(℃)	103.4	103	106	
其他项目	热态抗拉/MPa	2.16	2.55		232℃ ± 10℃ 固化 2 min,取芯后 15 s 内拉断
其他项目	常温抗拉/MPa	4.50	5.71	6.5	232℃±10℃固化 2 min,取芯后冷却 30 min 拉断
其他项目	发气量/(mL/g)	23.1	16.75	19.7	取制芯后试样 1 g,于 850℃温度下测定 2 min
参考项目	原砂含量(%)	100 SiO_2 石英砂	100 宝珠砂	100 宝珠砂	由供砂厂家提供 润滑剂，约 3%
参考项目	树脂含量(%)	3.0	2.5	3.0	
参考项目	固化剂(%)	10×树脂量	10×树脂量	10×树脂量	

2. 激光覆盖区域内覆膜砂的表面温度与覆膜砂 SLS 成形的工艺参数分析

图 3－7 所示为激光加热温度模型。图中 ω 表示光斑直径。在 SLS 成形过程中，输入到粉末床表面的能量取决于各工艺参数(如光斑直径、激光功率、扫描间距 d_{sp}、扫描速度等)。图 3－7 说明了扫描加热次数与各工艺参数之间的关

系。在粉末床表面上某点处的总能量输入是多次扫描能量的叠加之和。

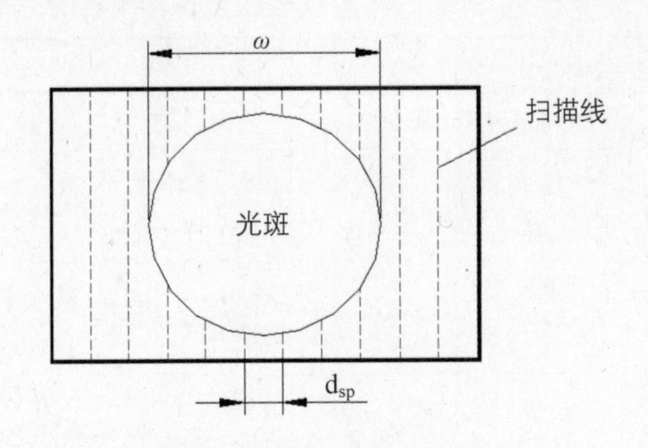

图 3－7　激光加热温度模型

在激光扫描过程中，光斑对临近扫描线上某一点的能量输入，之前相当于对该点的预热，之后相当于保温，离扫描光斑中心点最近时温度达到最高。酚醛树脂的固化温度大于 150℃，为使酚醛树脂在激光加热的短时间内固化，实际烧结温度会更高，接近甚至超过酚醛树脂的分解温度，而烧结覆膜砂时粉末床的预热温度较低，为 50℃～70℃。在这样的高温度梯度下，热量会很快通过热传导、对流、辐射等方式向周围散失，最极端的情况是扫描线特别长，在进行一次扫描时，之前扫描的能量完全散失。更多的情况是在一个小的区域内温度很快达到平均，能量部分散失，因此，可将激光覆盖区域的温度视为一定值，则 T_0 为激光覆盖区域内覆膜砂的表面温度，覆膜砂增加的能量等于从激光加热获得的能量($E=I_0/(vd_{sp})$)与通过辐射 q_r、对流 q_e 和热传导 q_L 散失的能量之差。

因此，T_0 是激光能量、扫描时间和粉末床温度的函数。在等功率下，扫描线越长，扫描速度 v 越慢，则相应扫描线的时间越长，T_0 也就越低。

3.3.3　用于 SLS 覆膜砂的固化机理

图 3－8 所示为覆膜砂的 DSC 曲线。由图可见，在 81.6℃和 167.7℃处有吸热峰，而在 150.5℃处有放热峰，81.6℃处的吸热峰为酚醛树脂的熔融峰。150.5℃处的放热峰和 167.7℃处的吸热峰均为酚醛树脂的固化峰，证明覆膜砂的固化分为两步进行：在较低温度(150.5℃)下酚醛树脂与六次甲基四胺反应生成二(羟基苯)胺和三(羟基苯)胺，但这种仲胺或叔胺不稳定，在较高温度(167.7℃)下进一步分解生成甲亚胺。

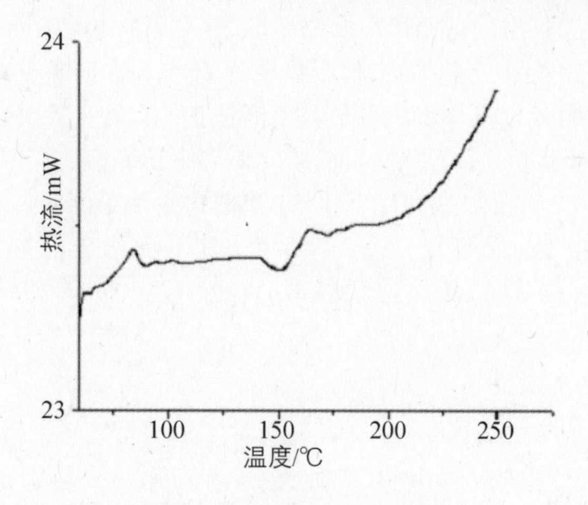

图 3-8 覆膜砂的 DSC 曲线

1. 覆膜砂的激光烧结固化特性分析

覆膜砂在激光作用下受热固化与铸造生产中砂型(芯)的加热固化不同。当激光束扫描覆膜砂表面时，表面的覆膜砂吸收能量，由于热能的转换是瞬间发生的，因此热能仅仅局限于覆膜砂表面的激光照射区。通过随后的热传导，热能由高温区流向低温区，因此虽然激光加热的瞬间温度高，但时间以毫秒计。在这样短的时间内，覆膜砂表面的树脂要发生熔化并固化是非常困难的，仅有部分发生固化，因此覆膜砂在 SLS 成形过程中的固化机理不同于用模具加热的常规热固化(热芯盒或壳型)。由激光烧结覆膜砂的红外(IR)分析得知，在激光烧结过程中，固化剂的消耗大，树脂的固化和分解同时并存，说明六亚甲基四胺在激光烧结过程中部分分解。实验表明，当激光功率为 40 W 时完全分解。同时在此功率下树脂也已经大量分解，但固化并不完全；激光烧结时的瞬间温度极高，六亚甲基四胺几乎完全分解。由此可见，在激光烧结过程中，树脂的固化和分解同时并存。当激光功率超过 40 W 时，树脂的熔融峰及固化峰全部消失，说明不仅树脂完全失去熔融流动性，而且升温也再无固化反应发生。由红外测试的结果表明，当激光功率为 40 W 时，仍能见到未反应的基团信息，说明仍保留有可继续反应的活性点，但由于激光功率过高，固化剂已被全部消耗掉，导致加热时不能继续固化。

2. 激光烧结覆膜砂的 TG 分析

酚醛树脂覆膜砂的 TG 曲线如图 3-9 所示。由曲线 1 可见，覆膜砂在 90℃以前失重 0.2%，主要是覆膜砂中含有的水分及酚醛树脂中的低分子挥发物。温度高于 95℃后直到 160℃，失重达 0.43%，如果按树脂量计算约失重 10.7%，主要是第一固化反应放出的低分子挥发物，如 NH_3 等。继续升温直到 250℃，这一过程失重占总重的 0.4%，即占树脂重量的 10%，这来源于第二固化反应进一步缩合所放出的低分子挥发物。当温度高于 350℃后，覆膜砂中的树脂开始大量分解。覆膜砂经过 150℃固化(曲线 2)后，在 130℃前几乎不失重，而后开始慢慢失重直到 250℃时，失重达 0.4%，即占树脂重量的 10%。这正好与第二固化反应的失重一致，说明经 150℃固化后，第一固化反应基本结束，而未进行第二固化反应。经 180℃固化的覆膜砂(曲线 3)在 220℃前几乎不失重，说明已完全固化。

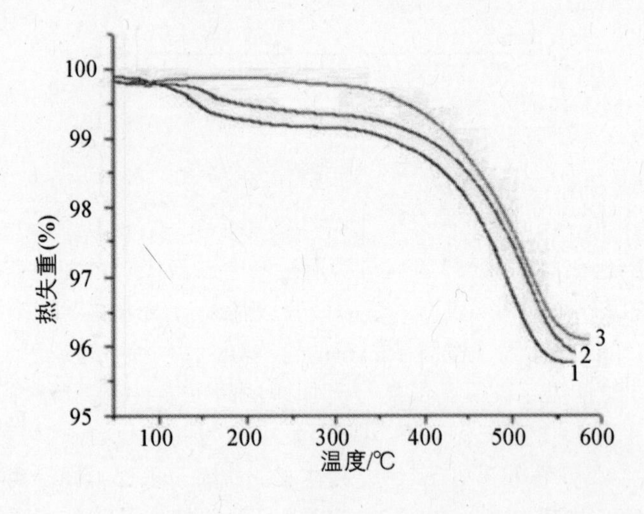

图 3-9 覆膜砂的 TG 曲线

3.3.4 覆膜砂的激光烧结特征

1. 温度不均匀与固化程度不均匀

激光烧结温度还与 T_0(激光扫描区域内覆膜砂的表面温度)有关，即激光扫描速度越慢，扫描线越长，则 T_0 越低。若要达到相同的温度，激光功率则要相应地增加。因此，当采用相同的激光扫描工艺时，SLS 制件的细窄部分往往由于温度高而过烧，粗宽部分则由于温度低而固化不完全，导致砂型(芯)的强度不够，因此激光烧结工艺参数应随图形变化而变化(见图 3-10)。

2. 高温瞬时特性

激光加热具有加热集中、速度快、冷却快等特点，加热时间以毫秒计，冷却时间也不会超过数秒，因此在这么短的时间内要完成覆膜砂表面树脂的熔融-固化几乎不可能。但由于温度高，部分区域甚至已超过了树脂的降解及固化剂的

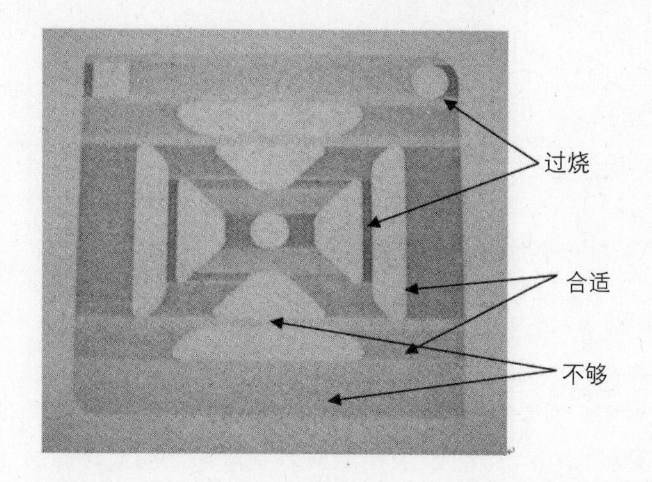

图 3-10 相同激光扫描工艺参数下的砂型(芯)扫描照片

升华温度，因此树脂的熔化、第一固化反应、第二固化反应及其降解反应几乎同时进行。其结果是树脂在未完全熔化的情况下开始固化，固化剂不能有效扩散而只与临近的分子发生反应，造成交联度不均匀。图 3-10 所示烧结件颜色的深浅可以证实激光烧结的不均匀性。部分交联度很高，而另一部分却因固化剂不足而交联不够。固化物不能再熔化，进一步阻止了分子的扩散，通过后固化也不能完全消除这种影响。由于激光加热中心区域温度高，已经超出了树脂中固化剂六亚甲基四胺的升华温度，导致经激光烧结后固化剂不足，从而影响到了砂型(芯)的最终性能。

3. 固化对预热温度的影响

在 SLS 成形过程中，为减小烧结部分与周围粉体的温度差，都要对粉末床进行预热，以达到减少变形的目的。对于结晶性材料，预热温度与熔点有关；而对于无定型材料，预热温度接近材料的玻璃化温度。热塑性酚醛树脂在固化前为线性结构，为非结晶结构，但由于分子量不高，在 DSC 曲线中看不见明显的玻璃化转变温度，而熔融峰却很明显。这说明热塑性酚醛树脂的烧结既不同于结晶材料，也不同于无定型材料，预热温度一般在熔点下为 20℃～30℃。

树脂的固化程度低时，在物理性能上表现为流动性降低；但若深度固化，则完全不能熔融，玻璃化转变温度大幅上升(超过固化温度)，所需要的预热温度也相应提高，因此激光功率高时极易发生翘曲变形。

不同的 SLS 工艺对固化程度有着不同的影响：激光扫描速度越低，扫描间距越小，则第一固化反应越完全，第二固化反应程度相对越低，但所需功率密度越大。

4. 气体溢出

在 SLS 成形过程中产生的气体主要来自以下几方面：

(1) 覆膜砂中的水分蒸发；

(2) 六亚甲基四胺分解所放出的 NH_3；

(3) 固化中间产物二(羟基苯)胺和三(羟基苯)胺进一步分解放出的 NH_3；

(4) 酚醛树脂的高温降解。由覆膜砂的 TGA 曲线可知，水分等低挥发物约占 0.2%，第一步固化反应失重约 0.43%，第二步固化反应失重约 0.4%，若以砂中的有机物计算，则分别失重 5%、10.7%和 10%。固体变成气体时体积会迅速增加，激光烧结表面的气体可以自由释放而不会对成形造成影响，但表面以下的气体溢出会造成激光烧结部分的体积膨胀，从而导致烧结体变形，特别是在激光功率较大的情况下，会引起表面以下较深处酚醛树脂的固化和降解，大量的气体溢出，烧结制件下部膨胀，致使 SLS 成形失败。与膨胀相伴随的是酚醛树脂的深度固化所引起的制件严重翘曲变形，因此 SLS 成形时不能单方面追求高的激光烧结强度。

5. 砂粒间的摩擦

覆膜砂因酚醛树脂含量低，当激光功率不高时，激光烧结前后几乎无密度变化，收缩很小，SLS 成形中的失败在很大程度上是由于砂粒间的摩擦导致的。对于覆膜砂，特别是多角形的砂子，流动性差，相互啮合产生的阻力大，因此摩擦力很大，而激光烧结制件的强度又很低，所以很容易被铺粉辊移动时所推动。

3.3.5 覆膜砂的激光烧结特征对精度的影响

在 SLS 成形覆膜砂过程中，砂粒之间的黏结强度来源于树酚醛脂熔化黏结强度和固化强度，而酚醛树脂固化前强度很低，固化温度远高于熔化温度。根据激光烧结后覆膜砂温度的高低存在三种情况：① 达到酚醛树脂的固化温度；② 达到酚醛树脂的熔化温度；③ 低于酚醛树脂的熔化温度。因此若激光烧结后温度低，则酚醛树脂的固化度不够，激光烧结的砂型(芯)强度很低，细小部分极易损坏，需要较高的激光能量来达到覆膜砂的固化温度。但由于热传导，高的激光功率能量又会使烧结制件周围区域的砂也被加热达到或超过酚醛树脂的熔点而相互粘连，特别是烧结制件中间的小孔，浮砂很难清理，严重影响了砂型(芯)的精度和复杂砂型(芯)的制备。降低激光能量对周围区域影响的一个有效措施是降低覆膜砂粉末床的预热温度，并使热量能够很快被带走，除改变激光扫描方式外，加强通风以通过对流带走热量是一种行之有效的办法。

3.3.6 覆膜砂的选择性激光烧结工艺与性能研究

1. 覆膜砂的激光烧结成形失败分析

以往的研究往往以激光烧结强度和后固化强度的大小来确定覆膜砂的SLS工艺参数。事实上，高的激光烧结强度并不是覆膜砂激光烧结追求的唯一目的，对于复杂的砂型(芯)尤为如此。因此，如何保证复杂砂型(芯)的成功制备并提高其精度才是首要考虑的问题。覆膜砂激光烧结成形的失败可分为以下几种类型：① 预热温度低或固化程度深，导致激光烧结体发生收缩翘曲变形；② 铺粉对砂粒的扰动造成激光烧结体被推动，主要是激光烧结独立的细小部分；③ 层厚过小或激光烧结强度不够，铺粉时由于摩擦导致激光烧结体产生裂痕；④ 层厚过大，出现分层现象，或激光的烧结深度不够，层间黏结强度不够；⑤ 激光烧结强度不够，在用压缩空气吹去表面浮砂时激光烧结部分也被吹掉或细小部分被折断；⑥ 激光功率过大，烧结体出现碳化现象；⑦ 预热温度高或激光烧结能量大，烧结体周围的砂相互粘连，成形后无法清理。

2. 覆膜砂性能对激光烧结性能的影响

决定覆膜砂性能的主要参数有：覆膜砂的配制方法、粒度、熔点、流动性、热胀率、灼烧减量、发气量、砂型(芯)的后固化温度等。砂型的激光烧结强度与固化剂用量、树脂用量和树脂种类有密切关系，而砂型(芯)的表面质量由砂的粒度及其分布决定。

1）树脂含量

由于SLS成形过程中激光的扫描速度很快，树脂来不及完全熔化流动，其砂型(芯)的强度比用壳型覆膜方法的砂型(芯)的强度要低。同时由于SLS成形时的能量较高，部分树脂会分解，因此SLS成形所使用的覆膜砂的树脂含量可比传统成形方法的树脂含量稍高一些。图3-11所示为树脂含量与激光烧结强度之间的关系。由图可知，覆膜砂SLS试样的强度与树脂含量基本成线性关系，即随着树脂含量的增加，试样的强度增加。树脂含量为3.5%和4%的覆膜砂SLS试样的烧结强度分别为0.34 MPa和0.37 MPa。

激光烧结覆膜砂的固化不完全，需要加热以进一步固化，将上述激光烧结的试样于180℃烘箱中固化10 min后，其拉伸强度变化如图3-12所示。可见，当树脂含量小于3.5%时，SLS试样的强度随树脂含量的增加而迅速提高；当树脂含量超过3.5%时，SLS试样的强度上升缓慢。因此，覆膜砂的树脂含量以3.5%为宜，最大不应超过4%。因为随着树脂含量的增加，发气量也相应增加，对砂型(芯)的浇注不利。

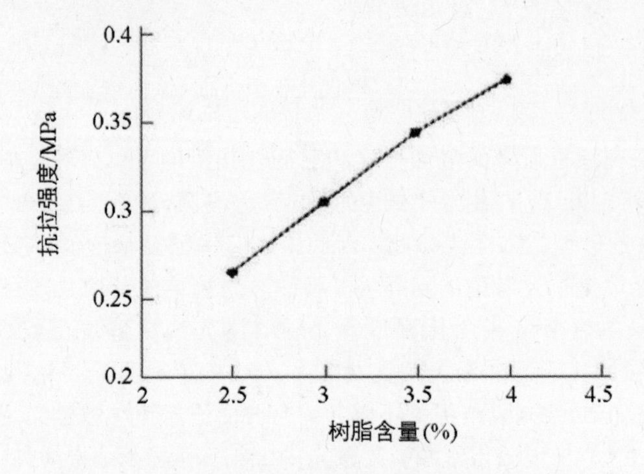

图 3－11　树脂含量对 SLS 试样激光烧结强度的影响

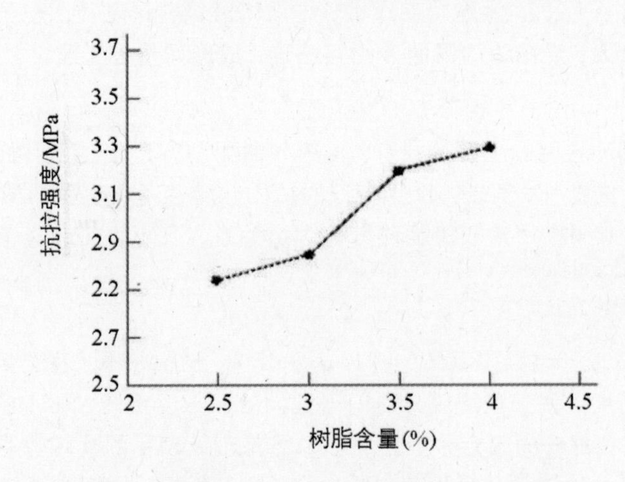

图 3－12　树脂含量与 SLS 试样后固化强度之间的关系

2) 覆膜砂的粒度

为减小台阶效应，SLS 成形中应尽量选择较小的铺粉层厚度，而砂的粒度越细，可允许的铺粉层厚越小，更有利于提高 SLS 试样的表面质量，同时较小的铺粉量也有利于降低摩擦，减小铺粉对粉末床的扰动。SLS 成形是一种无压力成形，砂的堆积相对疏松，同样粒度覆膜砂 SLS 试样的透气性要比用传统壳型覆膜砂成形的砂型(芯)好。表 3－11 所示为覆膜砂粒度对 SLS 制件性能的影响。

表 3-11 覆膜砂粒度对 SLS 制件性能的影响

粒 径	50～100 目	70～140 目	100～200 目
最小铺粉层厚/mm	0.4	0.3	0.25
SLS 试样激光烧结抗拉强度/MPa	0.25	0.34	0.37
SLS 试样后固化抗拉强度/MPa	3.7	3.6	3.4
SLS 试样表面粗糙度	粗糙	较光滑	光滑
SLS 试样透气率/($cm^2 \cdot Pa^{-1} \cdot s^{-1}$)	47.5	41.7	39.3

由表 3-11 可知，砂的粒度越细，可允许的铺粉最小层厚度就越小，所制备的砂型(芯)的台阶效应越小，表面也越光滑，并且 SLS 试样的激光烧结强度也越高。从铺粉层厚度为 0.40 mm 的 SLS 试样断面可见明显的分层现象，说明铺粉层厚过大，层间黏结不够；而铺粉层厚为 0.25 mm 的 SLS 试样断面则较为均匀，如图 3-13 所示。在树脂含量相同的情况下，虽然细砂 SLS 试样的激光烧结强度较高，但后固化强度相反，这是因为粗砂比细砂的比表面积小，树脂含量相同时，粗砂的砂粒表面覆盖的树脂较厚，所以经后固化后，粗砂黏结比细砂牢固。综合考虑以上因素，为获得好的 SLS 砂型(芯)，还是应选择粒度较细的砂。

图 3-13 不同铺粉层厚度的覆膜砂的 SLS 试样断面

3) 原砂几何形貌对 SLS 试样性能的影响

覆膜砂的原砂可分为水洗砂和擦洗砂。水洗砂只去掉了其中的泥，砂子的几何形貌不规则称为多角型砂；擦洗砂则通过砂间的相互摩擦磨掉了不规则的棱角，几何形貌较规则称为球形砂。铺粉时，角型砂的摩擦力较大，对砂层的扰动较大，使激光烧结体产生位移或裂痕，造成SLS成形失败。球形砂在铺粉时，砂子的流动性比较好，摩擦力较小，因而对砂层的干扰小于角形砂。例如，采用粒度相同的100～200目的覆膜砂，角形砂用0.3 mm的铺粉层厚度，激光烧结时仍然会被推动，在激光烧结新平面时需要将温度升高到树脂的软化温度，使砂相互粘连将砂固定，激光烧结才能顺利进行；而对于球形砂，只要采取合适的SLS工艺，预热温度为50℃、铺粉层厚度为0.25 mm时就可顺利成形。因此，用作SLS成形的覆膜砂应选用近球形的擦洗砂或人造砂(如宝珠砂等)。

4）树脂熔点的影响

树脂的熔点不仅影响激光烧结砂型(芯)的强度和精度，对SLS成形过程也会产生影响，特别是对预热温度产生影响。表3-12所示为树脂熔点对SLS砂型(芯)强度及预热温度的影响。

表3-12　树脂熔点的影响

熔点/(℃)	85	90	95
预热温度/(℃)	50	60	70
SLS试样激光烧结抗拉强度/MPa	0.37	0.40	0.45
SLS试样后固化抗拉强度/MPa	3.4	3.5	3.8

由表3-12可知，随着树脂熔点的升高，SLS成形过程的预热温度也相应提高，但预热温度的提高与树脂熔点的提高并不一致，预热温度提高的幅度要大于树脂熔点的升高幅度，即高熔点树脂的预热温度更接近于树脂的熔点，这可能是由于树脂的熔点越高，分子量越大，分子链的运动越困难。SLS成形覆膜砂的激光能量高，激光扫描后的覆膜砂温度很高，超过了树脂的固化温度(160℃)，甚至超过了树脂的分解温度(300℃)，这些热量随后通过热传导传递给烧结制件周围的覆膜砂。因此，预热温度越高，树脂越容易被这些热量加热到软化温度，造成周围未烧结覆膜砂的黏结。未烧结覆膜砂的黏结是影响覆膜砂SLS型(芯)精度甚至成形失败的主要原因之一，所以虽然高熔点树脂覆膜砂的激光烧结强度和后固化强度较高，但从SLS成形的角度考虑仍应采用低熔点树脂的覆膜砂。

3.3.7　推荐的覆膜砂激光烧结工艺参数

覆膜砂材料的颗粒略大于PS粉末材料，一般用140～70目的覆膜砂(粒径

约为106～212 μm)，所以我们选择烧结的单层厚度也要略大于0.2 mm。考虑到加工的生产率问题，对大件一般选择单层厚度为0.25～0.3mm。而烧结间距与激光的光斑大小有直接关系，一般采用的激光光斑直径为0.2 mm。考虑到加工的实际过程中两条烧结路径之间必须有重叠部分，所以烧结间距一般都会小于激光光斑直径(取0.1～0.15 mm)。由于覆膜砂材料和PS材料的不同，烧结时需要把覆膜砂表面的黏结树脂熔化，所以需求的热量较大，单位点所吸收的热量也较多。同时温度参数的选择是和材料的熔点相关的，温度过低会导致烧结过程中材料表面温度急剧变化而收缩变形，从而导致加工失败。宝珠覆膜砂材料颜色偏黑，更容易吸收热量，所以环境温度一般较小。综合上面的分析我们选取的覆膜砂材料的加工参数如表3-13所示。加工底部铺垫砂的厚度小于等于10 mm，不宜太厚，以免做完的制件下压易塌陷。

表3-13 覆膜砂的SLS烧结工艺参数

扫描速度	2000～4000 mm/s	单层厚度	0.25～0.3 mm
烧结间距	0.10～0.15 mm	关键层温度	90℃±5℃
激光功率	45 W(绝对功率)左右	一般层温度	50℃±5℃

3.3.8 SLS覆膜砂的固化小结

覆膜砂激光烧结的实质为热固性树脂的烧结。显然，应用热塑性树脂激光烧结的研究结果来指导覆膜砂SLS成形难以取得满意的效果。为此，从热固性树脂的角度对覆膜砂激光烧结的物理和化学特征进行了研究。覆膜砂激光烧结的物理模型研究表明，激光烧结的温度十分不均匀，并且激光扫描线之间存在着能量的叠加现象，能量的叠加与激光烧结工艺、砂型(芯)的结构等相关，激光扫描线越长，速度越慢，越不利于能量的叠加。能量的叠加通过温度的高低来对固化产生影响。

对覆膜砂的固化特征的研究表明，固化分两步进行：第一步固化在较低温度下进行，固化峰在150.5℃；第二步在较高温度下进行，固化峰在167.7℃，高温固化后酚醛树脂呈黄色，因此可用颜色的变化来判断激光烧结的固化情况。随着激光功率的增加，固化增加，但激光烧结工艺的不同对两步固化反应的影响不同。两步固化的固化动力学研究表明，温度对低温固化的影响更大，瞬时的高温更利于提高第一固化反应的速度。第二步固化反应发生后，酚醛树脂变得完全不熔、不融，不能通过固化来提高SLS制件的强度，因此在激光扫描时应尽量避免第二步固化反应的发生。覆膜砂在激光烧结过程中会有气体排出，气体的来源包括覆膜砂中的水分、固化过程中产生的NH_3以及酚醛树脂的分解，大量气体的存在可能会导致砂型(芯)的膨胀，对 SLS 成形不利，因此激光烧结固化应尽量控制在第一步，以防止过高的激光功率使酚醛树脂产生深度固化和发生分解反应。

3.4 覆膜砂的 SLS 成形工艺

3.4.1 SLS 成形工艺参数与 SLS 试样强度之间的关系

为确定合适的 SLS 成形工艺参数，将 SLS 试样做成标准的“8”字试样，测试不同激光功率、扫描速度、扫描间距和铺粉层厚度对 SLS 试样抗拉强度的影响，结果如图 3-14～图 3-17 所示。

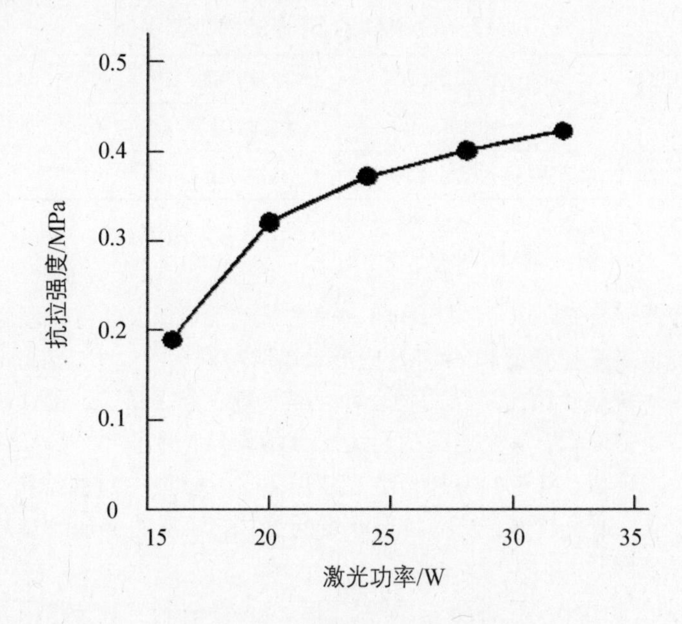

图 3-14 激光功率对 SLS 砂型(芯)激光烧结强度的影响
(扫描速度 1000 mm/s，扫描间距 0.1 mm)

由图 3-14 可知，在激光能量较低时，SLS 试样激光烧结强度随激光能量的增加而增加，但不成线性关系，在较低激光功率下的斜率大，而随着激光功率的增加，斜率减小，说明在较低功率下激光功率对烧结强度的影响更加显著。当激光能量达到 32 W 时，其 SLS 试样激光烧结强度达到最大值 0.42 MPa，若激光能量继续增加，则 SLS 试样发生翘曲变形，此时 SLS 试样表面的颜色也由浅黄色变成褐色，说明覆膜砂表面的树脂已经部分碳化分解。

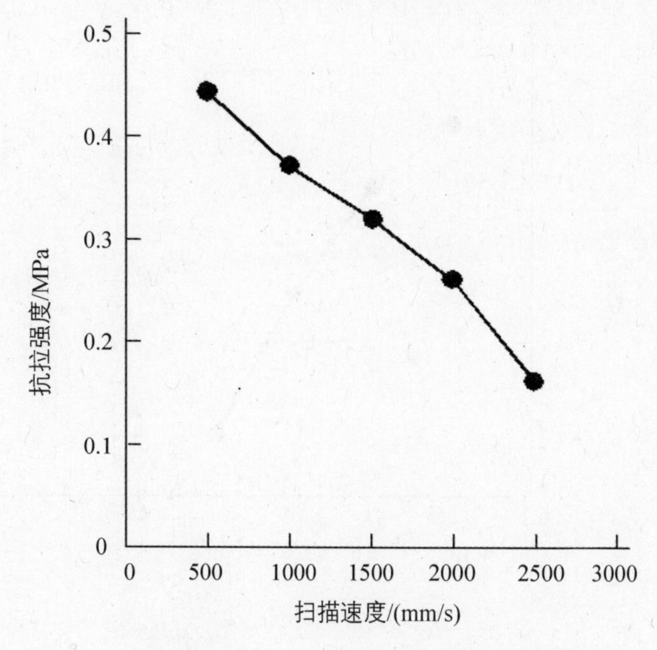

图 3-15 扫描速度对 SLS 砂型(芯)激光烧结强度的影响
(激光功率 24 W, 扫描间距 0.1 mm)

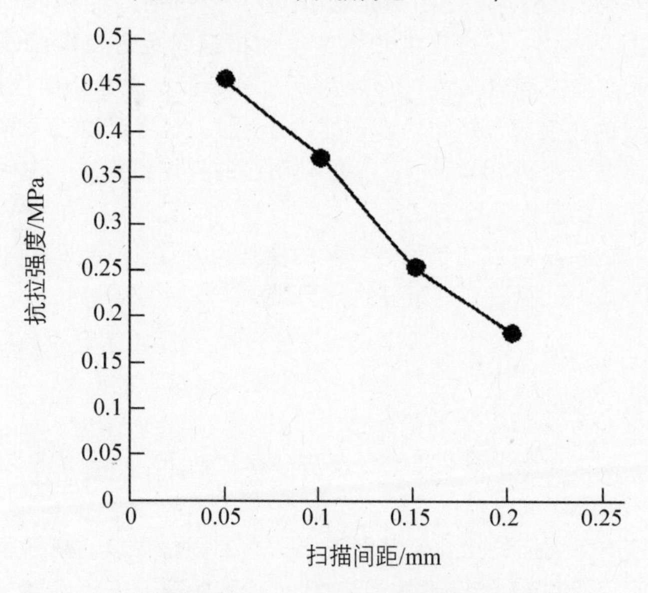

图 3-16 扫描间距对 SLS 砂型(芯)激光烧结强度的影响
(扫描速度 1000 mm/s, 激光功率 24 W)

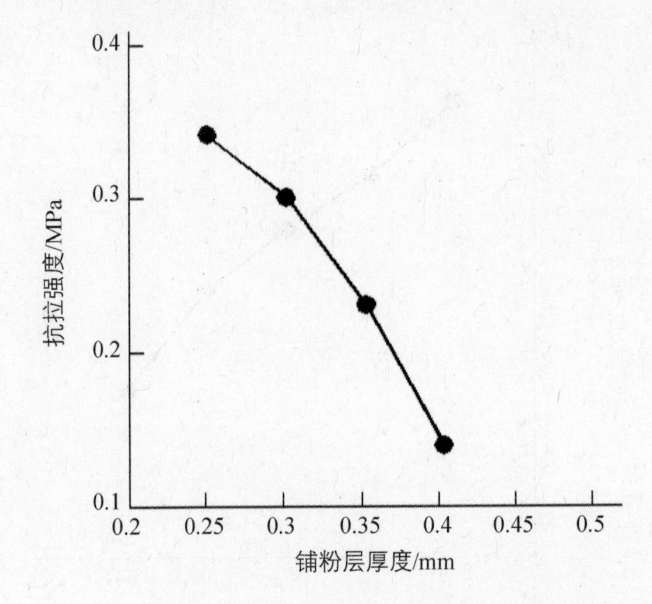

图 3-17　铺粉层厚度对 SLS 砂型(芯)激光烧结强度的影响
(扫描速度 1000 mm/s, 激光功率 24 W, 扫描间距 0.1 mm)

SLS 试样激光烧结强度随激光扫描速度和扫描间距的增加而降低(见图 3-15 和图 3-16), 但过低的扫描速度和扫描间距会使覆膜砂表面发生碳化。而当激光扫描速度高于 2000 mm/s 后, SLS 试样激光烧结强度迅速降低, 激光烧结部分的颜色与未烧结的砂一样, 说明激光烧结温度低于树脂的固化温度。当激光扫描间距为 0.2 mm 时, 可见明显的扫描线痕迹, 说明激光扫描间距过大, 激光烧结温度不均匀。

SLS 试样的抗拉强度随铺粉层厚度的增加而加速下降(见图 3-17), 当铺粉层厚超过 0.3 mm 后, 可见明显的分层现象。

3.4.2　固化深度与粘砂深度

覆膜砂受热分为以下几种情况:

(1) 温度低于树脂的熔化温度, 覆膜砂呈散砂状, SLS 成形后可直接倒掉或用压缩空气吹掉。

(2) 温度高于树脂的熔化温度而低于树脂的固化温度, 树脂呈熔化或半熔化状, 砂子间相互粘连, 但强度较低, SLS 成形后需要人工清理, 如用毛刷清理或用软木片清理。

(3) 温度高于树脂的固化温度, 树脂熔化并发生固化, 并将砂子牢牢地黏

结到一起，表面坚硬，颜色也由原色变为黄色，无法清理。

覆膜砂吸收激光能量后表面温度高，离表面越远温度越低，因此在高度方向上存在着温度梯度，自上而下出现覆膜砂受热的三种情况，即固化、熔化、散砂，将出现第一种情况的厚度定义为固化深度，第二种情况的厚度定义为粘砂深度。

铺砂时会对粉末床平面产生扰动，而这种扰动可能会对激光烧结部分产生破坏作用，即激光烧结部分被推动。为减少这种扰动带来的破坏作用，除了尽量减小砂的摩擦外，激光烧结部分的抗干扰能力也十分重要。实际上要推动激光烧结部分，必须连同其下粘连的砂粒一起移动，因此粘连的覆膜砂对激光烧结制件起着固定的作用。为此，研究了不同SLS成形工艺参数对固化深度和粘砂深度(单层扫描)的影响规律。

图3-18～图3-20分别为扫描间距、激光功率和扫描速度对粘砂深度的影响。由图3-18～图3-20可知，固化深度和粘砂深度均随着激光功率的降低而降低，而随着扫描速度的降低而增加。但在SLS试样无翘曲变形的前提下，低的激光扫描间距和扫描速度可获得更高的粘砂深度。在激光的烧结能量不太高时，SLS成形工艺参数对固化深度的影响不大，而当固化深度小于0.5 mm时，SLS试样的强度过低就无法测量了。粘砂深度对激光功率、扫描速度和扫描间距十分敏感，这可能是因为固化深度主要受激光穿透深度的影响，而粘砂深度主要受热量传导的影响。

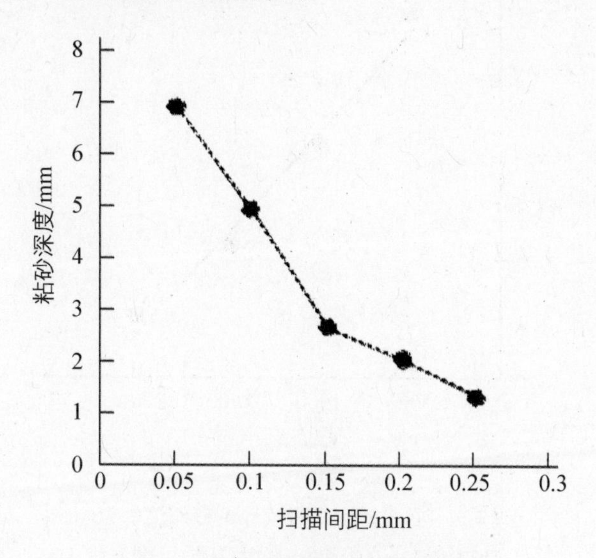

图3-18　扫描间距对粘砂深度的影响
(扫描速度1000 mm/s，激光功率40 W)

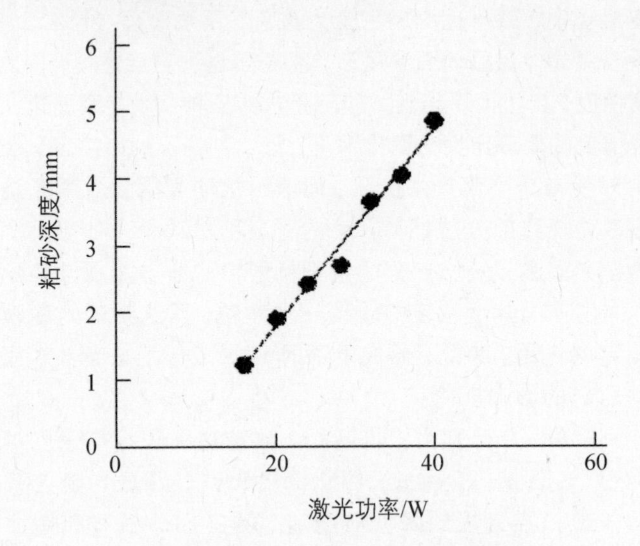

图 3-19　激光功率对粘砂深度的影响

(扫描速度 1000 mm/s，扫描间距 0.1 mm)

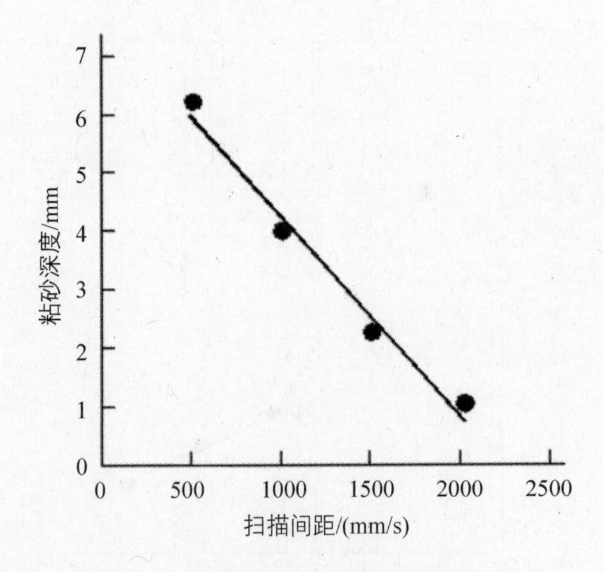

图 3-20　扫描速度对覆膜砂粘砂深度的影响

(扫描间距 0.1 mm，激光功率 40 W)

由图 3-18～图 3-20 还可知，激光功率和扫描速度与覆膜砂的粘砂深度呈线性关系，而扫描间距对覆膜砂粘砂深度的影响在小于 0.15 mm 时呈线性关

系，扫描间距大于0.15 mm后斜率减小，这可能是由于激光烧结温度不均匀。

由于铺粉扰动影响最大的是激光烧结的第一层，因此，第一层的激光烧结工艺参数应是低扫描间距和扫描速度，配以较高的激光功率以期获得较深的粘砂深度，从而减小铺粉扰动的影响。

3.4.3 能量叠加的影响

较厚的粘砂深度可以减少铺粉对砂粒的扰动，然而过厚的粘砂深度也会给砂型(芯)带来不利影响。由表3-14可知，即便是最小的粘砂深度也会超过1 mm，而铺粉的层厚只有0.25 mm，因此连续SLS成形时，这种影响还会相互叠加，成形后的底面很难清理。为确定能量叠加的影响，测定了经两次激光扫描后的固化深度与粘砂深度。

表3-14 能量叠加对粘砂深度和固化深度的影响

SLS成形工艺参数			单次扫描		两次扫描	
扫描速度/(mm/s)	扫描间距/mm	激光功率/W	粘砂深度/mm	固化深度/mm	粘砂深度/mm	固化深度/mm
2000	0.15	40	0.7	1.2	0.8	2.5
2000	0.05	20	0.6	1.3	0.8	3.2
1000	0.1	24	0.7	2.4	0.9	4.6
500	0.05	12	0.8	3.4	1.4	6.1

由表3-14可知，激光连续扫描时能量的叠加效应十分显著，经两次扫描后，固化深度增加，但不同SLS成形工艺参数对固化深度增加的影响不同，在高速和高间距扫描条件下，二次扫描对固化深度的影响较小，只有轻微增加；而在低速和低间距扫描条件下，二次扫描对固化深度的影响则显著增加。二次扫描对粘砂深度的影响明显，均为单次扫描的2倍左右，说明二次扫描对粘砂深度的影响是遵循能量叠加原理的，即激光扫描后能量很快通过热传导达到均匀，激光扫描时T_0为常数。因此为了加强热的散失，减小能量的叠加，应加强通风，通过强制对流来带走多余的能量，对于较大面积的激光烧结，还应设定激光扫描延时，通过时间的延长来降低扫描区域的温度。覆膜砂在接受激光扫描加热后的温度主要由获得的激光能量、初始温度T_0等因素决定。覆膜砂受激光加热后温度的高低决定了SLS试样强度的大小。在等能量密度、相同扫描间距下，覆膜砂从激光所获得的能量是相等的，激光加热后的温度由T_0所决定，因此激光扫描速度越快，能量叠加效应越明显，已扫描区域的能量来不及

散失就再次被平行的激光扫描线加热，即 T_0 较高。低速扫描时，由于上一次平行扫描的激光能量已经散失，即 T_0 降低，则 SLS 试样的抗拉强度下降。

3.4.4 SLS 覆膜砂型(芯)的后固化

1. 覆膜砂的后固化温度

经 SLS 烧结的砂型(芯)的生坯的抗拉强度较低，只能达到 0.5～0.8 MPa，显然不能承受直接进行砂型装配和直接进行浇注金属液体的要求，因此必须对其进行后固化处理才能达到满足铸造生产需求的力学性能要求。为研究不同后固化温度对 SLS 试样抗拉强度的影响，将 SLS 试样放入烘箱中开始升温，当温度达到预定温度 10 min 后关闭加热，进行自然冷却。表 3－15 所示为不同后固化温度对不同粒形及不同树脂含量 SLS 烧结的普通覆膜砂“8”字试样的抗拉强度数值。由表中数据可看出，SLS 试样后固化处理后的强度是，先随着温度的增加而增加，后固化温度以 170℃～180℃最适宜。当温度达到 180℃时，其抗拉强度达到最大值 4.134 MPa，而后随着温度的升高，强度逐渐下降，当温度达到 280℃时其强度已下降到 0.47 MPa。以上数据说明，SLS 试样在 150℃以下固化程度极低，而到 170℃～180℃时达完全固化，这与差热分析的结果一致。当温度高于 170℃～180℃后，SLS 试样的抗拉强度下降。SLS 试样的颜色也随着后固化温度的升高而发生变化，由黄色、深黄色到褐色再到最终的深褐色，而深黄色时强度最佳，因此从颜色上也可判断固化的情况。

表 3－15 后固化温度对不同粒形及不同树脂含量 SLS 试样抗拉强度的影响

后固化温度/(℃)			无后固化	150	160	170	180	190	200	210	280
砂粒形状	树脂含量(%)	激光功率	普通覆膜砂 SLS 8 字试样拉伸强度/MPa								
多角形砂粒	2.5	50%	0.20	0.79	1.57	2.10	1.93	1.65	2.11		
		60%	0.37	0.33	0.80	1.87	1.93	2.10	2.93		
		70%	0.50	1.60	2.73	1.83	0.87	1.77	2.40		
	3.0	60%	0.31	1.81	3.53	2.43	4.14	3.25			
	3.5	60%	0.71	1.97	2.03	3.17	4.04	3.33	3.57		
	4.0	60%	0.61	1.53	3.80	3.63	3.27	3.77	3.06		
圆形砂粒	3.0	60%	0.83	2.00	3.13	3.17	3.17	3.03	3.53	2.2	0.47

2. 后固化砂箱

图 3－21 所示的后固化砂箱是带底的方盒(内腔尺寸比所需后固化的砂芯周边轮廓尺寸大 20 mm 以上)，一般用厚 1～1.5 mm 钢板折弯制作。为了便于砂芯的放入及取出，该砂箱应做成一边可装配拆卸形式，用 M6 螺钉手工紧固。

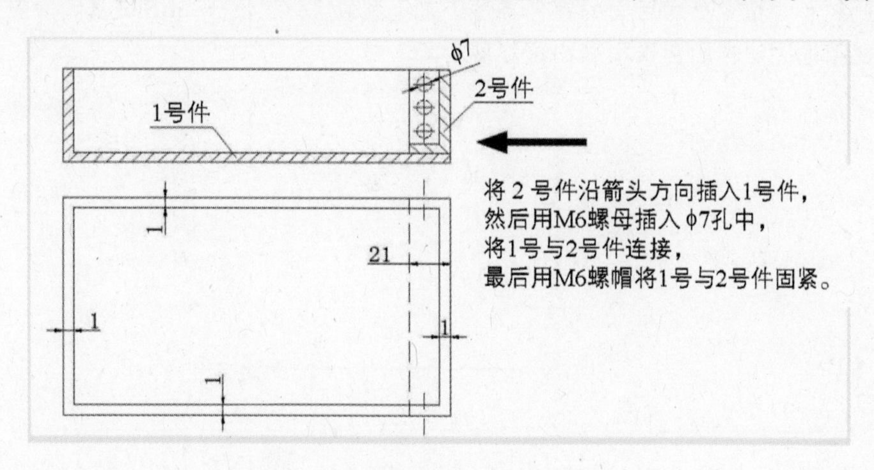

图 3－21　覆膜砂的后固化砂箱

3. 后固化砂箱中砂芯的填充料

砂芯后固化的目的是使 SLS 制造的砂芯强度进一步提高，达到其最终强度。为了防止砂芯在后固化加热时变形，除了个别壁厚实的垂直形状的砂芯外，一般在后处理烘烤之前都必须用填充料将砂芯填塞紧实。填充料可以用干净的石英砂、宝珠砂(未加黏结剂的原砂)及玻璃微珠等。实验结果表明，选择粒径为 0.4～0.6 mm 的玻璃微珠效果最好。玻璃微珠是近年来发展起来的一种用途广泛、性能特殊的新型材料，该产品由硼硅酸盐原料经高科技加工而成，外观光洁、圆整，玻璃透明无杂质，传热效果好，流动性好，砂芯烘烤后易于清理。

4. SLS 覆膜砂型(芯)的后固化工艺

将 SLS 成形的覆膜砂芯置于平板上，用刷子或气枪清理干净砂芯的所有表面，将其放入后处理固化箱(砂芯周边需留 20 mm 以上充填间隙)，用螺钉将装配件固紧，逐渐仔细用玻璃微珠填塞砂芯，用手或工具边填塞边紧实，直至将砂芯全部被填塞满，砂芯顶面可以露出，不必用玻璃微珠全部盖住。在室温下送入烘箱中进行烘烤。开始送电时用烘箱的快速挡迅速升温至 120℃～150℃，然后将旋钮转到慢速挡继续加热到 190℃～200℃保温 2～4 h(厚大砂芯取上限)，然后关电随炉冷却至室温出炉取出砂芯。当生产工期时间紧时，亦可在

60℃～90℃出炉。烘好的砂芯用手指弹砂芯表面可听到清脆的声音。

3.4.5 影响发气量的因素

SLS覆膜砂型(芯)的发气量随树脂含量的增加而增加，如图3－22所示，因此树脂含量太高对后面的铸件浇注工艺不利。但为了便于SLS成形，一般选择比普通壳法树脂含量稍高的覆膜砂。

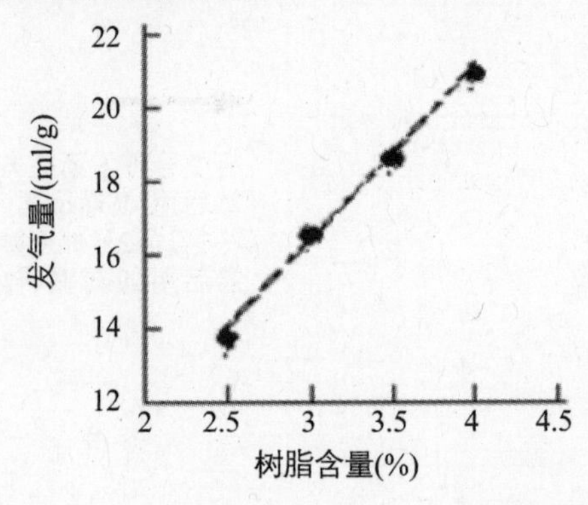

图3－22 SLS覆膜砂型(芯)的树脂含量与发气量的关系

图3－23所示为固化温度与发气量的关系。由图3－23可知，发气量随着后固化温度的升高而降低，当后固化温度低于170℃时，随着后固化温度的升高，固化程度增加，固化会放出部分小分子，因此发气量降低。当固化完全后，再升高温度，发气量随温度的变化趋缓，直到后固化温度达到280℃树脂开始大量分解为止。在170℃后固化的SLS覆膜砂型(芯)的发气量为21.1 ml/g。同样的覆膜砂用模板加热的发气量为23.1 ml/g，这说明覆膜砂的树脂在激光加热过程中已发生分解。

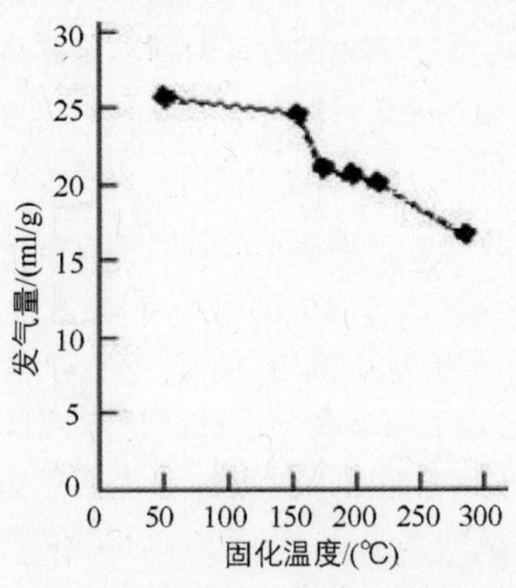

图3－23 固化温度与发气量的关系

3.5　SLS 覆膜砂制件的应用实例

3.5.1　复杂液压阀体的制造

1. 液压阀体的形体结构分析

图 3 - 24 所示为国外客户订购的材质为 HT200 的液压阀铸件，该件外形上的凹凸形面较多，并有许多与内流道相通的小圆孔及异形孔。特别是该件的内腔流道形状更为复杂(其形状可见图 3 - 24 中形成流道的型芯)，共有四条流道：① $\phi 8 \sim \phi 9$ mm 的中心水平流道的一端与前端面相通，另一端与零件顶端的 $\phi 50$ mm 垂直大孔相连，其中间还分别与 $\phi 19.7$ mm、$\phi 4$ mm 及 $\phi 6.5$ mm 的垂直圆孔连通；② 位于中心流道上方的长角弯形流道(长 236.3 mm×$\phi 9$ mm，长径比为 23.7)与中心流道成空间立体交叉，其形状左右上下弯曲，流线非常复杂，流道两端面分别与图 3 - 25 所示右侧面及前端面相通，中间与宽度为 3.6 mm 的左月牙形垂直窄孔相连；③ 位于图 3 - 25 中左边两角弯形流道之间截面最小的圆形流道，截面直径仅 $\phi 5$ mm，流道长 64 mm(长径比约 13)，且也成弯扭状，其两端分别与右侧面及低平面相通；④ 位于图 3 - 25 中最左边的角弯形、$\phi 9$ mm 圆形截面的流道两端亦与左侧面及前端面相通，中间与宽度为 3.6 mm 的右月牙形垂直窄孔相连。

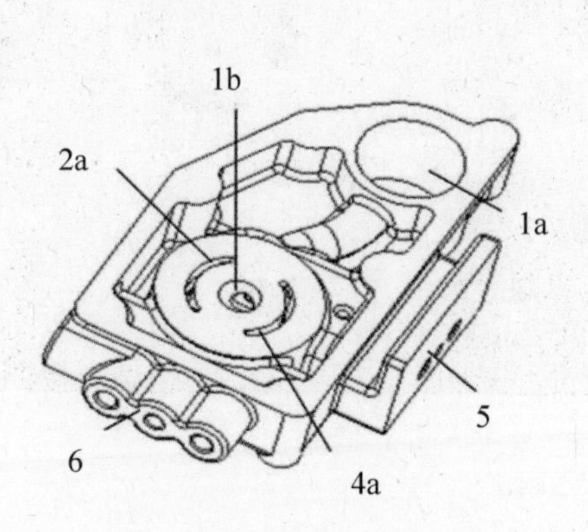

图 3 - 24　液压阀铸件的三维图形

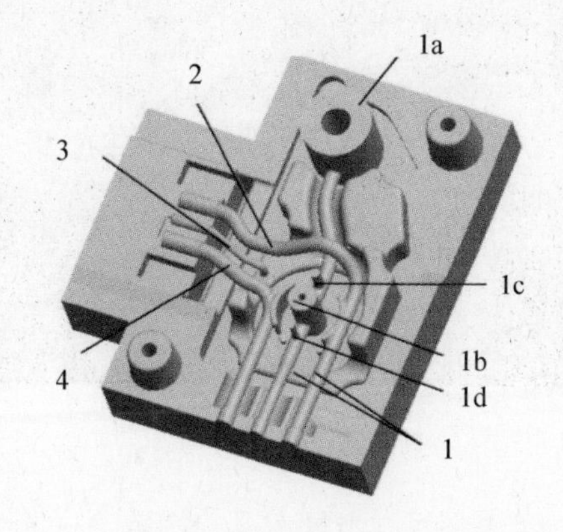

图 3 - 25　阀体下砂型及型芯的三维图形

图 3-24 和图 3-25 中，1 为 ϕ8～ϕ9 mm 的中心流道型芯；1a 为 ϕ50 mm 的垂直大孔及型芯；1b 为 ϕ19.7 mm 的垂直孔及型芯；1c 为 ϕ6.5 mm 的垂直小孔型芯；1d 为 ϕ4 mm 的垂直小孔型芯；2 为 ϕ9 mm 的长角弯形流道型芯；2a 为宽 3.6 mm 的左月牙形垂直窄孔；3 为 ϕ5 mm 的最小圆形截面流道型芯；4 为 ϕ9 mm 的角弯形流道型芯；4a 为宽为 3.6 mm 的右月牙形垂直窄孔；5 为右侧面；6 为前端面。

2. 液压阀的铸造方法选择

上述分析表明，该阀体的内腔流道形状弯扭变化很大，不仅沿水平方向弯扭，而且还沿空间任意方向弯扭，同一流道出现多个不等直径或不等截面形状的结构，且有的流道过分细而长，各流道出口中心线不在外部形状的同一平面上。这些问题均会给该阀体的铸造工艺带来很大的困难，传统的砂型铸造、熔模精密铸造和消失模铸造均难以胜任。SLS 覆膜砂成形不仅制模周期短，费用低，而且特别适合于制作复杂内腔流道的原型或型(芯)，而且可将形状扭曲、直径细小的砂芯直接打印成一体（见图 3-26(a)），使砂芯定位准确。加上覆膜砂的溃散性好，浇注后铸件很易将流道中的砂子在热作用下轻轻敲打，砂子就如散砂一般从阀体铸件的流道中清理出来。图 3-27 所示为用 SLS 成形的覆膜砂型(芯)浇注的液压阀体铸件及其剖分图。

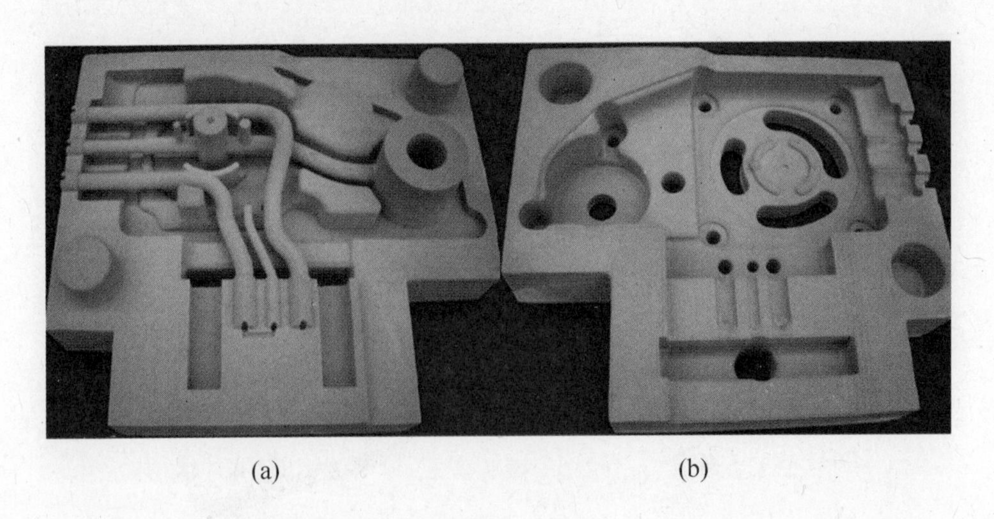

(a) (b)

图 3-26 覆膜砂 SLS 成形的液压阀的下砂型(型芯与砂型整体烧出)及上砂型

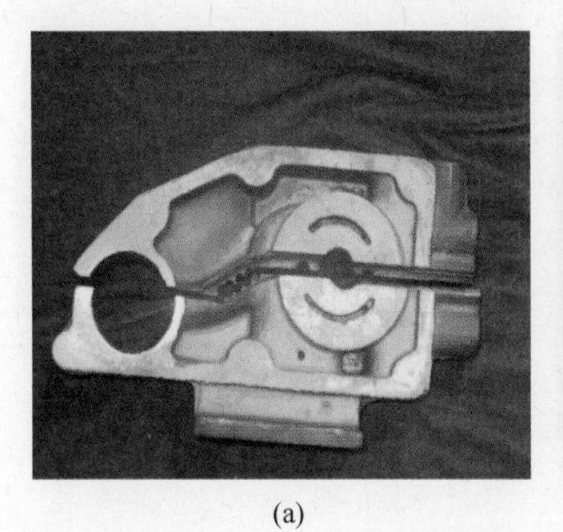

(a)

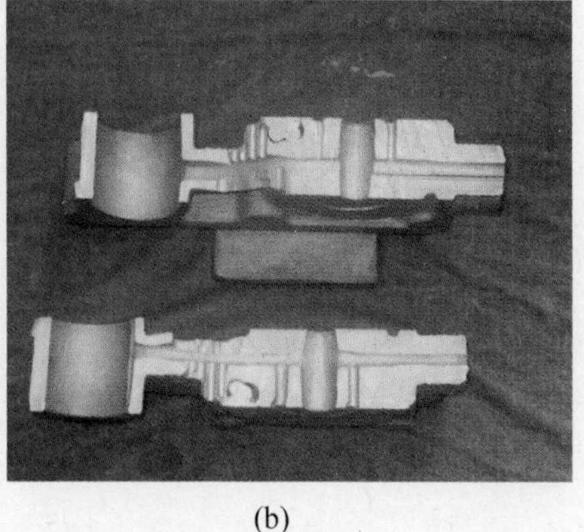

(b)

图 3 - 27 用 SLS 成形的覆膜砂型(芯)浇注的液压阀体铸件及其剖分图

3.5.2 小型压气机气缸盖的 SLS 覆膜砂成形实例

小型压气机气缸盖的砂型较复杂，曾采用消失模铸造的方法生产铸件。图 3 - 28 所示为小型压气机气缸盖的消失模模型和铸件。

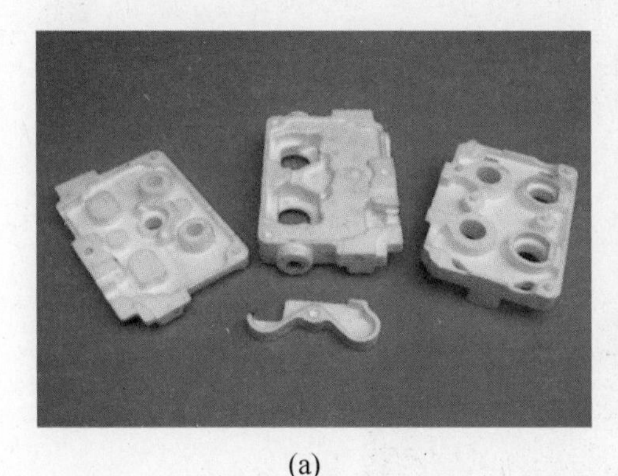

(a)

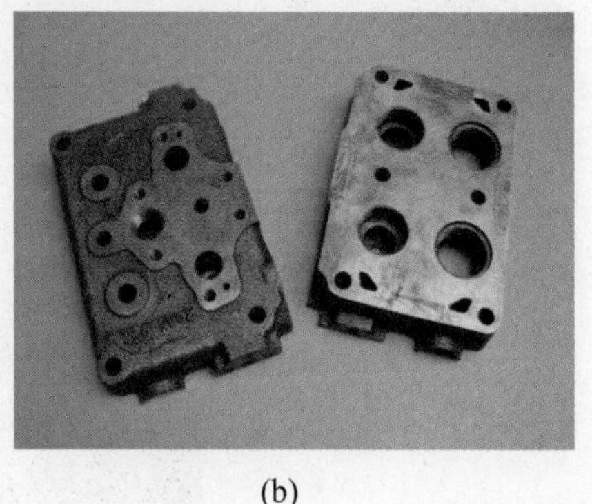

(b)

图 3 - 28 小型压气机气缸盖的消失模模型及铸件

消失模成形需要做模具，为快速铸造单件砂型，设计了如图 3 - 29 所示的小型压气机气缸盖三维图形的上、下砂型。此上、下砂型可整体 SLS 成形，但考虑到下砂型浮砂清理方便，将下砂型又分成如图 3 - 30 的两块，并分别用覆膜砂 SLS 工艺成形。成形后的砂型如图 3 - 31 所示，用其浇注的铝合金铸件如图 3 - 32 所示。

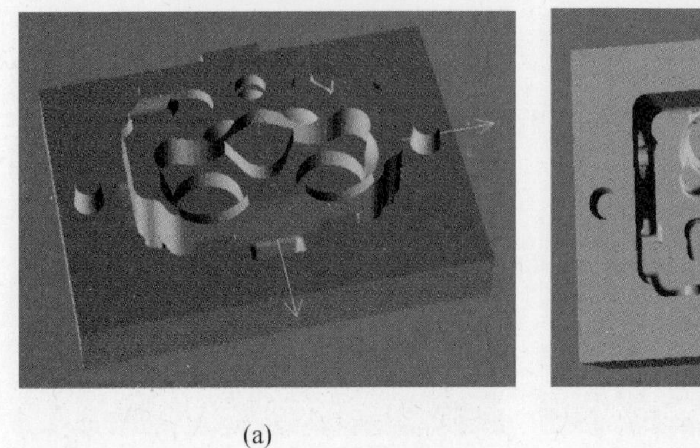

(a)

(b)

图 3-29　小型压气机气缸盖上、下砂型的 SLS 图

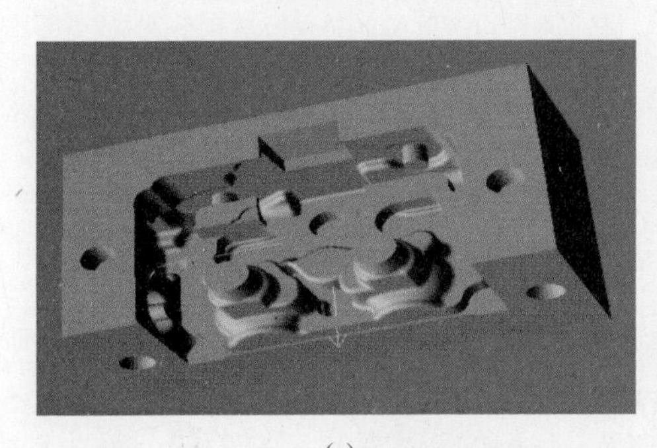

(a)

(b)

图 3-30　小型压气机下砂型分块图(左图为下砂型主体、右图为下砂型侧面拼块)

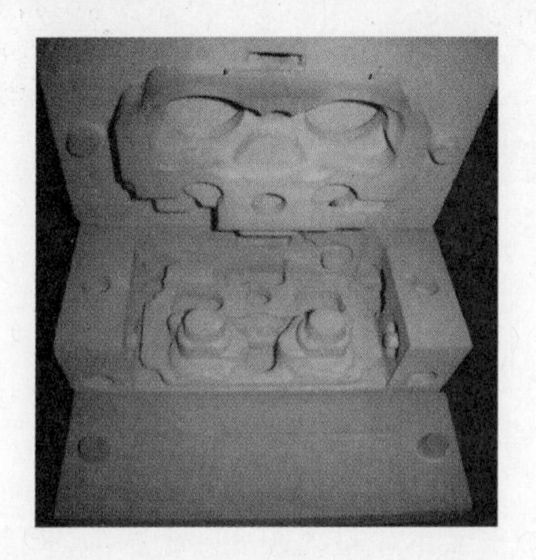

图 3-31　小型压气机气缸盖 SLS 砂型组合

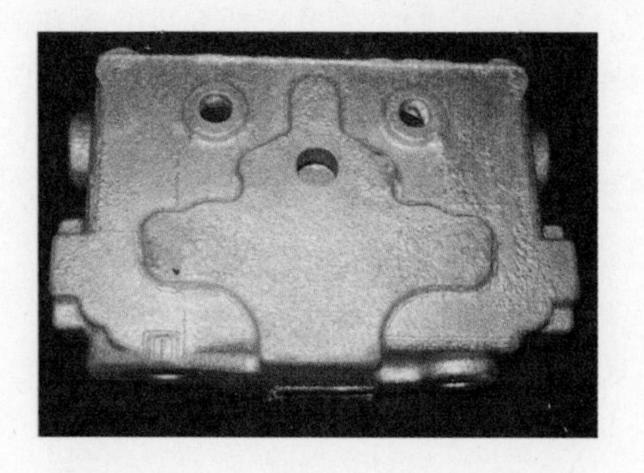

图 3－32 小型压气机气缸盖铸件

3.5.3 其他覆膜砂型(芯)的 SLS 成形实例

用 SLS 成形的其他典型零件的覆膜砂型(芯)还包括增压器(见图 3－33)、2000 多个 ϕ4 mm 的小孔的散热器覆膜砂芯(见图 1－11)等。

图 3－33 增压器 SLS 覆膜砂型及砂芯

研究人员围绕 SLS 成形覆膜型(芯)及其铸造工艺的一系列问题进行了研究，研究内容包括覆膜砂的性能、SLS 成形工艺、后处理工艺和铸造浇注工艺，并成功完成了多种复杂铸件的制造。覆膜砂性能是 SLS 成形的前提，为便于 SLS 成形，应选择较细粒度的覆膜砂，以 100～200 目较为合适，粒形采用近球形的擦洗砂，树脂含量为 2.5%～3.5%，并且采用熔点较低的树脂。SLS 成形工艺应随着激光烧结面的变化而变化，在烧结独立的新截面时，在保证不过烧的情况下应尽可能采用大的激光能量密度(较低的扫描速度和较小的扫描间距)，而激光烧结重叠区域时，在保证 SLS 成形件强度的条件下应尽可能采用小的激光能量密度(较快的扫描速度和适中的扫描间距)，这样才能避免能量的叠加对浮砂清理带来的不利影响。后固化温度以 170℃～180℃ 为佳。在砂型

(芯)的设计和铸造浇注过程中，应充分考虑砂型(芯)的通气和排气，控制好浇注的速度和时间。对细小的砂芯，还要考虑其强度问题，尽量减少浇注过程中的浮力对它的影响。实践证明，只要采取合理的工艺措施，SLS 成形的覆膜砂型(芯)在铸造浇注过程中的不利因素是可以解决的。

第 4 章　SLS 3D 打印机制造系统实例

4.1　SS-403 3D 打印机制造系统简介

4.1.1　SS-403 3D 打印机制造系统的基本组成及性能参数

1. 基本组成

SS-403 是广东奥基德信机电有限公司生产的双缸下供(送)粉式 SLS 3D 打印机。其外形如图 4-1 所示，它由如下三部分组成：

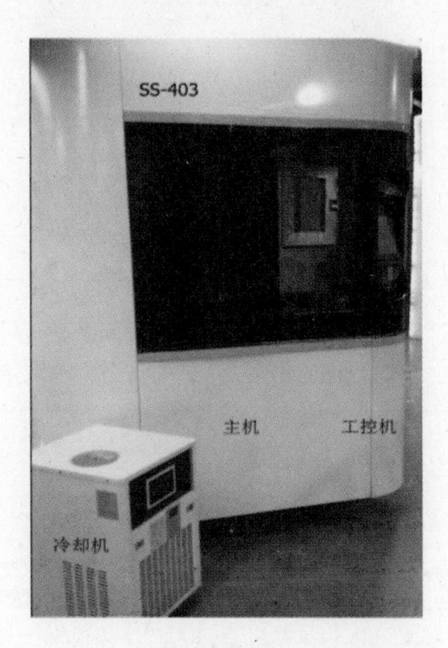

图 4-1　SS-403 SLS 3D 打印系统

1）计算机控制系统

计算机控制系统采用高可靠性工控机、性能可靠的各种控制模块、电机驱动单元、各种传感器组成，配以 OGGI 3D 软件系统，用于进行三维图形数据处理、加工过程的实时控制及模拟。

2）主机

主机由六个基本单元组成：工作缸、送粉缸、铺粉系统、振镜式激光扫描系统、加热系统、机身与机壳。

3）冷却机

冷却机由可调恒温水冷却机及外管路组成，用于冷却激光器，提高激光能量的稳定性，保护激光器，延长激光器寿命，同时冷却振镜扫描系统，保证其稳定运行。

2. SS-403 系统的性能参数

SS-403 系统的性能参数如表 4－1 所示。

表 4－1　SS-403 系统的性能参数

项　目	性能参数
外形尺寸/mm	2150(长)×1496(宽)×2353(高)
质量/kg	1500
电源要求	380 V，三相五线，50 Hz，60 A
最大成形空间	400 mm×400 mm×400 mm
成形精度(%)	① ±0.1%；② ±0.2mm(制件尺寸小于等于 200 mm 时)
成形材料	粉末材料(PS、PP、PA、覆膜砂等)
激光器	55 W，CO_2 激光器
扫描系统	进口三维动态聚焦振镜扫描系统
最大扫描速度/(mm/s)	≤7000
输入文件格式	STL
输入方式	网络或软盘
额定功率/kW	6.3

4.1.2　SS-403 打印机制造系统的防护及安全

1. SS-403 打印机制造系统对环境的要求

SS-403 打印机制造系统对环境的要求如下：

(1) 温度要求：22℃左右，需要配置空调。

(2) 湿度要求：小于 60% RH。

(3) 电源要求：380 V 三相五线，50 Hz，60 A，可靠接地。注意：零线、地线不能接错，更不能接在一起。

(4) 通风要求：换气。

(5) 照明要求：达到办公室要求。

(6) 防火要求：安装地点应远离易燃易爆物品，所有装饰材料均应阻燃。

(7) 安装要求：见图 4-2～图 4-4。

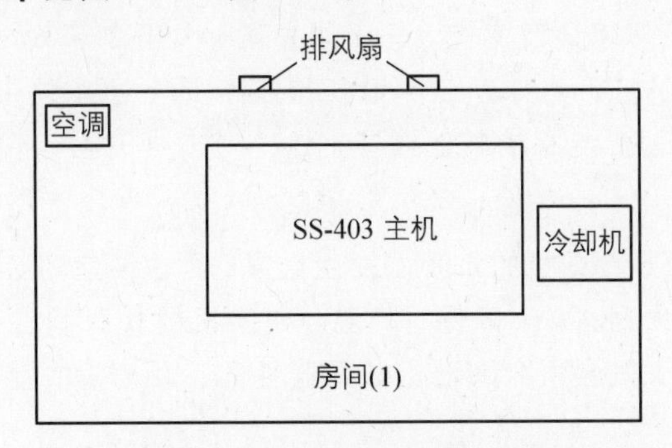

图 4-2　3D打印成形设备室平面布置图(面积大于 25 m^2)

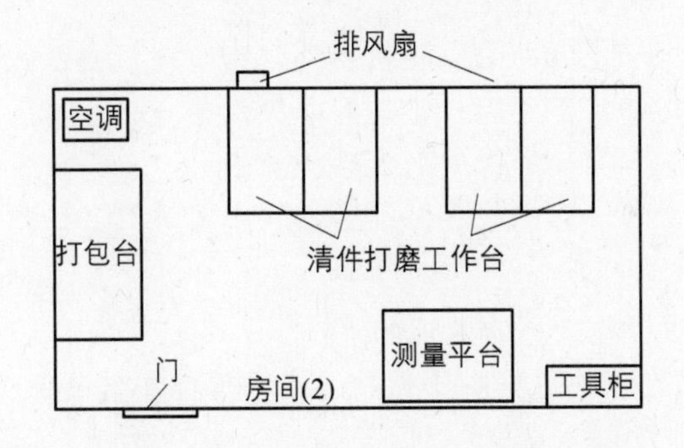

图 4-3　后处理打磨、抛光即测量室平面布置图(面积大于 25 m^2)

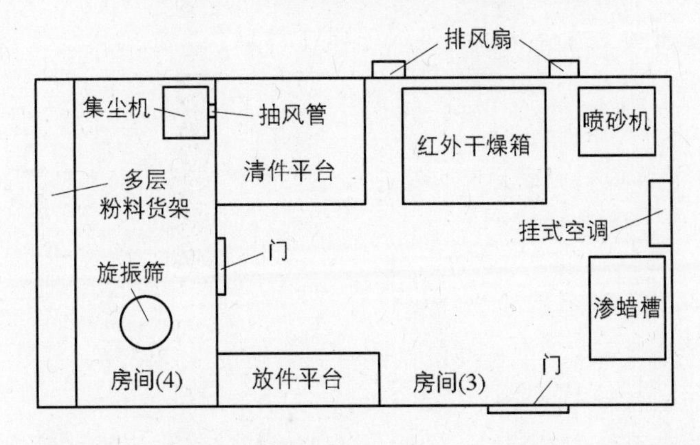

图 4-4　后处理工作室平面布置图(面积大于 25 m^2 且要求考虑筛粉机的隔音)

图 4－2～图 4－4 所示的布置方案仅供参考，也可采用其他方式。采用此方式时，房间长度需约 6 m，宽需 4 m。3D 打印成形工作室布置时需考虑以下因素：

(1) 3D 打印成形系统与墙壁的间距为大于等于 1 m。

(2) 房间门及运输通道宽应大于 2 米，高应大于 2.5 m。

(3) 3D 打印的成形工作室应尽量安排在满足上述条件中电源要求的一楼(或具有承重 2 吨以上电梯的其他楼层)。

> 激光器、冷却机的水管如发生结露，则说明室内环境湿度太大，温度太高，必须降湿、降温。如果机器长时间在这样的环境中工作，则会大大降低机械元器件的使用寿命，特别是激光器的寿命。

> 系统必须安全接地，以防机器外壳带电对机器及人身造成伤害；停机按钮按下之后，配电柜中仍然带电，关机后必须断开外部总电源。

2. SS-403 系统对操作人员的要求

SS-403 系统对操作人员的要求如下：

(1) 操作人员在操作过程中不得将头、手等部位伸进激光光束范围内，以免被激光束灼伤。

(2) 调整系统时，必须由专业人员操作。

(3) 调试准备工作完毕后，进入正常工作状态，必须关闭系统门窗(盖)，且在打印加工过程中不得随意开启。

> 主机强电打开之后，非专业操作人员严禁将后面和侧面的门窗打开。强电！危险！

3. SS-403 系统定期检查

(1) 系统的各种开关、旋钮及接线插头必须按规范设置。

(2) 系统的各种电器元件应保持清洁。

(3) 要检查系统的冷却机、压缩机的工作情况，水箱的水量，管道及接头正常与否。若发现水箱水量不足，要及时加水。

(4) 3D 打印系统的直线导轨、滚珠丝杠必须定期加油润滑。

> 冷却机中必须加入纯净水或蒸馏水，不得使用自来水或矿泉水。

4. 清洁、润滑

每次打印加工完毕后，必须及时用吸尘器清除系统的工作缸里面和铺粉刮刀周围的粉末，并清洁激光窗口保护镜，将激光窗口保护镜用保护罩套起来。加热管及加热罩上的浮粉要及时清理干净，特别是平移钢带槽要严格清洁。

> 每次做完成形件之后，必须及时清洁激光窗口保护镜并用保护罩将激光窗口保护镜套起来，防止灰尘污染激光窗口保护镜。

4.1.3　SS-403 系统开机操作

1. 开机前的准备工作

开机前的准备工作如下：

(1) 用吸尘器清除工作台面及铺粉装置上的粉尘。

(2) 将平移钢带槽里的粉尘清洁干净。

(3) 将加热罩上面的粉尘清理干净。

(4) 检查激光窗口保护镜是否被污染，若不干净，先用吸耳球吹一吹激光窗口保护镜，再用蘸有丙酮的脱脂棉签轻轻擦洗镜片。

(5) 查看冷却机中水箱的水是否充足，若不够应及时补充。

> 每次系统开机之前，必须仔细检查工作腔内、工作台面上有无杂物，以免损伤铺粉刮刀及其他元器件。

2. 开机操作

开机操作如下：

(1) 开启计算机。

(2) 按开机按钮，指示灯亮，运行 OGGI 3D 软件系统，将工作台面升至极限位置，在送粉桶里加入制件需要量的粉末材料(对于蓬松粉末材料，还需用棒稍加春实)。

每次制件时，必须在预热的同时打开激光器和扫描振镜系统，并保证 SS-403 设备系统预热一个小时以上。

(3) 点击调试面板中送粉桶送粉和铺粉刮刀的左右移动配合使用，将工作台面的粉末材料铺均匀。

(4) 关闭工作门，根据烧结材料的不同在设置对话框中设置适应的预热温度，然后开始预热，推荐预热一个小时，待工作温度达到设定值并稳定后再进行下一步操作。

可根据 3D 打印机加工时的实际情况决定打开或关闭排风扇。

(5) 通过 USB 口或网络将准备进行 3D 打印加工制件的 STL 文件输入计算机。

加热过程必须慢慢均匀地上升，以免引起机械系统的剧烈变形。

4.2 零件的 SLS 3D 打印加工制造

4.2.1 3D 打印零件图形的预处理

OGGI 3D 软件系统可通过网络或 USB 口接收 STL 文件。开机完成后，通过菜单的【文件】下拉菜单读取 STL 文件，并显示在屏幕实体视图框中。如果零件模型显示有错误，请退出 OGGI 3D 软件系统，用修正软件自动修正，然后再读入，直到系统不提示有错误为止。通过实体转换菜单，将实体模型进行适当的转换，以选取理想的 3D 打印加工方位。加工方位确定后，利用【文件】下拉菜单的【保存】或【另存为】项存取该零件，以作为即将用于 3D 打印加工的数据模型。如果是【文件】下拉菜单中的文件列表中已有的文件，用鼠标直接点击该文件即可。

4.2.2 3D 打印零件的制作

1. 新零件的 SLS 3D 打印制作步骤

新零件的 SLS 3D 打印制作步骤如下：

(1) 点击【设置】菜单，选择【制造设置】、【参数设置】，设置系统的零件制作参数(扫描速度，激光功率，烧结间距，单层厚度，铺粉延时，扫描延时，光斑补偿，X、Y、Z 方向修正系数，扫描方式等)，设置完后点击【确定】按钮。

(2) 点击【设置】菜单，选择【制造设置】，设置预热温度、预热时间、一般层加热温度，以及外前加热、外后加热和中加热温度系数。

(3) 点击【制造】菜单，选择【模拟制造】项，即可进行该 3D 打印零件的模拟制造。

(4) 选择【制造】菜单，选择【制造】项，进入【制造】对话框，在【制造】对话框中，设置好起始高度(一般不改变它的初始值)和终止高度，选择【制造结束后关闭电源】。关上前门，按【多层制造】按钮开始自动制造。待零件打印完成，系统自动停止工作。

> 打印 PP 及 PA 制件时，打印完成后应在制件顶部再铺几层粉末覆盖保温，以防止制件变形。

> 打印操作过程中，要尽量减少前门的开启次数，以减少热量的散失，保持温度场的均匀，避免因此而引起 SLS 3D 打印制件变形。

2. 系统暂停和继续进行 3D 打印加工

在自动打印过程中，如果想暂时停止打印，可点击【制造】对话框上的【暂停】按钮，系统在打印加工完成当前层后，则会立即停止打印加工下一层。如果想继续制造，需再按【暂停】按钮重新开始打印制造。此外，应正确处理下列三种情况：

(1) 在零件打印制造过程中，如果因故停机(如计算机死机、停电等因素)而造成当前的打印制造参数、加工高度、加工时间等参数丢失，可打开计算机 C 盘 sls_dat 目录下的 sls_ManuState. txt 文件，将里面的参数与【参数】设置对话框的值进行比较，如果不同，核实后更正。将当前高度加上一个单层厚度写在多层制造的起始高度里即可(因为此文件是设备做完一层记录一层)。

(2) 在 3D 打印过程中，可以从设备背面观察送粉桶内的剩余粉量，如果发现粉量不够，需及时补充粉末材料(原则上应一次加满，工作中不要停机加粉)。

(3) 在 3D 打印制件的打印加工过程中，可以点击【设置】菜单，随时调整制件的打印制作参数。最好先使用【暂停】键使机器暂停后再设置。冷却收缩变形大的材料制件，如 PA、PP 等制件，做完的制件需在顶面覆盖几层粉末保温，使其完全均匀冷却后，方可从工作缸中取出。

3. 关机

3D打印制件打印制造完毕后主机会自动关闭电源，在【制造】对话框中选择【退出】按钮并确定，退出【制造】对话框，最后点击窗口右上角的关闭按钮“×”或【文件】中的【退出】，自动退出OGGI 3D软件系统，回到Windows界面，关闭计算机，最后关闭总电源。

4.2.3 3D打印制件的后处理

打印制件做完后，主机会自动关闭电源。待做完的制件完全冷却后，方可从工作缸中取出制件。然后，用毛刷等工具及压缩空气小心去掉打印制件表面多余的粉末，根据不同材料和用途进行不同的后处理。

1. 用3D打印PS制件制造一般强度塑料功能件的渗树脂后处理工艺

(1) 称量3D打印PS制件的重量(g)。

(2) 取与打印PS制件等重量的A料a(g)(A料质量 = 3D打印PS制件质量)。

(3) 在A料中加入一定量的B料，用玻璃棒快速地搅拌均匀，得到混合溶液C。

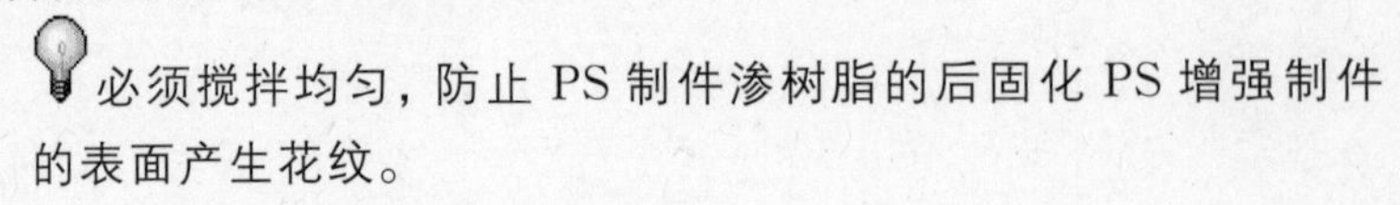

必须搅拌均匀，防止PS制件渗树脂的后固化PS增强制件的表面产生花纹。

A料∶B料=3∶1。

(4) 用刷子反复将混合溶液C慢慢均匀地涂抹在3D打印PS制件的表面，使制件完全渗透。一般先从PS制件的一面往另一面涂抹，且优先从制件较厚的地方开始。

(5) 至PS制件完全渗透后，将制件表面多余的混合溶液C完全吸干，使制件表面无多余的混合溶液C。方法如下：用吸水纸紧贴零件表面，待纸湿润后换纸继续，其间要不停地换纸，直至制件表面无多余的混合溶液C即可。这样能避免制件表面不光滑或出现花纹。

(6) 将渗透好的PS制件放在吸水纸上置于室温下4～6 h，以其表面不沾手为宜，其间多换纸，以防止纸黏结在制件表面上。

(7) 将渗透好的PS制件放入60℃±2℃的烘箱中烘烤至少5 h。

(8) 烘烤好后的渗透好的PS制件置于干燥箱内避光放置。

补充说明及注意事项如下：

(1) 本步骤用于功能件的后处理。

(2) 液体材料易黏手，操作时应戴手套；固化剂及稀释剂对皮肤和呼吸系统有刺激作用，操作时应穿防护服，戴口罩。

(3) 操作时，室内应保持通风，湿度应小于60%RH。

(4) 机械搅拌效果不佳，一般用人工搅拌。

(5) 建议从制件表面积较大的一面渗入，直至树脂完全渗透制件，以防止制件固化后表面产生花纹。

(6) 固化剂加入后，一般应于30 min内涂刷完毕，效果较好，否则，树脂浓度过高，渗透效果较差，时间越短越好。

(7) 取液体材料时应使用干净的勺子，防止污染试剂，使用结束后，试剂应封严，置于阴凉通风处保存。

(8) 玻璃棒用完后应擦拭干净、放好，以备下次使用。

2. 用PS制件制造熔模精密铸造或石膏型精密铸造蜡模的后处理工艺

1) PS蜡模的制造过程

将3D打印完成后的PS制件清除表面浮粉，用黏结蜡或AB胶对3D打印的PS制件进行修补。之后将PS制件置于网孔板上浸入熔点约55℃～60℃的医用石蜡液池中进行浸渗处理，使蜡液渗透到打印好的PS制件中，以增加PS制件的强度和硬度，当肉眼看到蜡液中的气泡逐渐消失殆尽时，立即取出渗好蜡的PS制件，迅速移到金属平板上(此时PS制件已变成了PS蜡模)。接下来用不同粗细的砂纸对PS蜡模进行打磨、抛光，即可成为进行熔模精密铸造或石膏型精密铸造用的蜡模。

2) 石蜡的浸渗处理和注意事项

(1) 渗蜡池的尺寸和结构。

渗蜡池的结构是由不锈钢板焊接成的夹层构件，夹层空间里面充油用电热管加热，用电器元件进行控温调节。渗蜡池的内空尺寸应比SLS打印机成形空间的尺寸稍大一些，以保证其最大尺寸的PS制件能自由放进渗蜡池。此外，为了节约能源，最好设计两个尺寸不同的渗蜡池设备，以分别用于不同尺寸制件的渗蜡处理。

(2) 蜡的加热过程和注意事项。

蜡在加热过程前要将蜡块打碎成小块蜡料放入蜡池中。这样做的目的是避免蜡料加热过程中由于相变造成的体积变化导致蜡液在加热过程中喷溅伤人。一定量的蜡料(一般视打印制件的高度而定，通常最大为蜡槽高度的4/5)在放入蜡池后，将温度加热设定到预定的值。当温度计指示所有的蜡液均达到预定的温度时，可以准备浸蜡。

(3) 蜡的预热温度控制(一般用手持式测温仪测试)。

① 对于厚度均匀或厚度小于 5 mm 的 PS 制件，可以选择蜡液温度为 60℃左右。此时蜡液为清亮透明的无色液体。

② 对于厚度均匀但大于 30 mm 的 PS 制件，可以选择蜡液温度为 65℃左右。如条件允许，对于要求高的制件可在真空下进行操作。

③ 对于厚度在 10～30 mm 以上或厚度不均匀的 PS 制件，可以选择蜡液温度为 60℃左右。此时蜡液为透明液体。

(4) 浸渗用石蜡建议用熔点低渗透性好的医用石蜡。

3. PS 制件浸渗蜡液工艺

1) 准备浸渗蜡液所需的工具

(1) 一组大小不同、底面有槽且均匀分布有小洞的平直托盘，最好用不锈钢或铝合金薄板制造。

(2) 可控温的烘箱(或经过特殊设计的烘箱)。烘箱内空尺寸大小应满足制件的需要。

(3) 手持式测温仪，用于随时控制蜡液温度。

2) 浸渗蜡时的操作过程

3D 打印制件浸渗蜡液前要选择好合适的平面放在托盘上，以保证打印制件在浸渗蜡时稳定，并且使不易于打磨的地方(如小的空洞、不规则的凹槽)的残余蜡料易于流出，以方便对渗蜡液后的 PS 蜡模进行打磨等后处理操作。选择好平面后，将打印制件置于金属托盘上，一同放入烘箱(设定为 60℃)中放置 30 min 以上，保证打印制件受热均匀，将预热好的打印制件连同托盘全部缓慢浸入设定好温度的蜡池中的蜡液中，即刻可见蜡液渗入制件中，空气成小气泡上浮排出，直到制件表面基本没有气泡冒出(一般此过程需要 1～3 min)，然后小心、缓慢地将渗好蜡的 PS 蜡模连同托盘一起从渗蜡液池中提出。

将此渗过蜡的 PS 蜡模放在 30℃的烘箱中缓慢冷却 30～60 min 后，再放置到空气中缓慢冷却。

3) 浸渗大尺寸 3D 打印制件的方法

一般把尺寸大于 300 mm×300 mm×300 mm 的制件或者薄壁面积较大的制件称为大件。通常由于大件的尺寸和薄壁的原因，在浸渗蜡液过程中，因制件的强度太低，如果不经过特殊的浸渗蜡方法，很可能会在浸蜡过程中造成制件的破裂。另外，由于大件的厚薄不均匀，因此在浸渗蜡液过程中制件冷热不均匀，会造成 3D 打印制件破裂。

对于薄壁件，可以在 PS 制件浸渗蜡的过程中，首先选择好一个放置的平面，平面的选择要有利于 PS 制件的平稳放置，有利于蜡液渗入 PS 制件。另外，极为重要的是，对于一些制件，一定要加入一些特制的支撑，以免制件由于强度低，在吸收了蜡液后因重量的增加而造成制件的破裂。一般支撑应该选择在一些必要的地方。支撑可以是一些特制的高度不同的垫片，通过组合达到要求的高度。

在 PS 蜡模从蜡液取出、冷却后，可以用小刀和电吹风将支撑去掉。如果在浸蜡过程中制件出现破裂或裂缝，可以通过黏结剂(高强度黏结蜡或 AB 胶)进行修补。

4. 其他注意事项

1）所用黏结剂的操作和注意事项

不管直接黏结 3D 打印制件还是蜡件，均可以用黏结剂进行黏结。黏结前要对制件表面进行粗糙化处理，以提高黏结的强度。如果黏结剂为双组分胶，则在黏结前需要先将两组分混合均匀，然后均匀涂布于被黏结面(注：不要涂布得太厚，否则会影响精度和强度)。通常这种胶的固化时间为 3～5 min，因此混合过程和涂布过程均要在这段时间内完成。刚黏结好的制件强度较低，要放置数小时后才可以达到要求的机械强度。

如果 PS 制件太大，可以剖分成几块烧结，最好是先将每个剖分的制件单独渗蜡，之后再黏结。

2）制件的修补和打磨过程

由于操作过程而造成制件表面不平、顶角缺损时，可以使用电烙铁、蜡液进行修补。制件在完成浸渗蜡和修补工序后，可以进行一些必要的打磨过程。打磨时，先用粗砂纸将制件表面大致打平后，然后用细砂纸将表面进行抛光处理。注意，打磨时制件要放在平整的平面，用力要均匀，不能太大或太猛；抛光后的制件尽量不用手直接拿取，以免抛光面受到损坏。

3）制件的保存

经过上述处理后的蜡制件应尽早浇注金属件，以免引起 PS 蜡模尺寸变化。如果一时不能进行浇注金属制件，可将 PS 渗蜡后的制件保存在 20℃～30℃的干燥环境中，并避免日光直接照射。

4）蜡的回收利用

渗蜡池中的蜡液在使用过程中会由于氧化和其他作用而逐渐变质。为了提高蜡料的利用率和使用时间，在加热蜡的过程中一定要严格控制蜡液的温度，绝对不能超过所需的温度，否则蜡液会迅速变质。渗蜡池底部常常会沉积一些废渣，它们会影响制件的表面，要定期清除。一般蜡块在使用 5 次后就应当补充新的蜡块，以保证制件的质量。

4.2.4 SS-403 系统 3D 制件打印操作的整个工艺流程

SS-403 系统 3D 制件打印操作的整个工艺流程如图 4-5 所示。

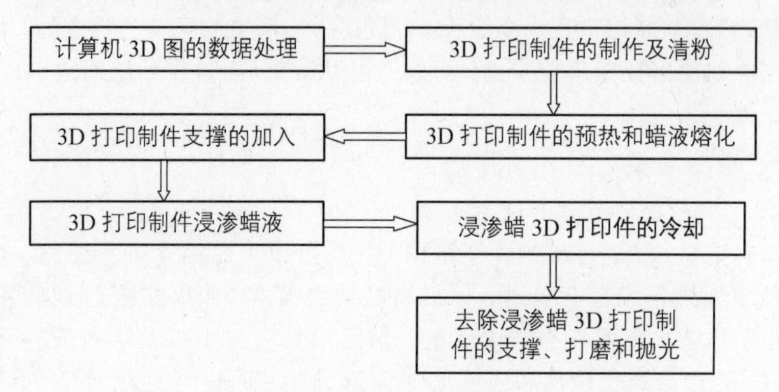

图 4-5 SS-403 系统 3D 制件打印操作的工艺流程图

4.2.5 用于 3D 打印 PS 材料推荐的参数设置

用于 3D 打印 PS 材料推荐的参数设置如表 4-2 所示。

表 4-2 用于 3D 打印 PS 材料推荐的参数设置

扫描速度	2000 mm/s	单层厚度	0.2 mm
烧结间距	0.15 mm	预热温度	120℃±5℃
激光功率	20 W(绝对功率)左右	目标温度	90℃±5℃

温度为手持式红外测温仪所测得的值，为实际值；激光功率、层厚可根据 3D 打印制件的壁厚、Z 向弧面的大小而有所增减。

在制作 3D 打印制件时如遇到厚实件，应尽量在三维造型中将制件镂空，以提高工作效率，减少加工时间。

4.2.6 3D 打印制件的尺寸精度检测

关于 3D 打印制件的尺寸精度检测，国内外的 3D 打印机均采用如图 4-6

所示的标准试样进行检测。用被检测制件的粉末材料 SLS 3D 打印出标准试样，对经后处理后的标准试样进行尺寸检测，将检测结果填写在表格中并写出评价意见(见表 4－3)。

对于不同的材料、不同的后处理工艺，在制件之前必须将它们的收缩、膨胀变形考虑进去，并将此数据加入计算机 3D 打印制件的尺寸补偿中，即 X、Y、Z 的修正系数和光斑补偿。

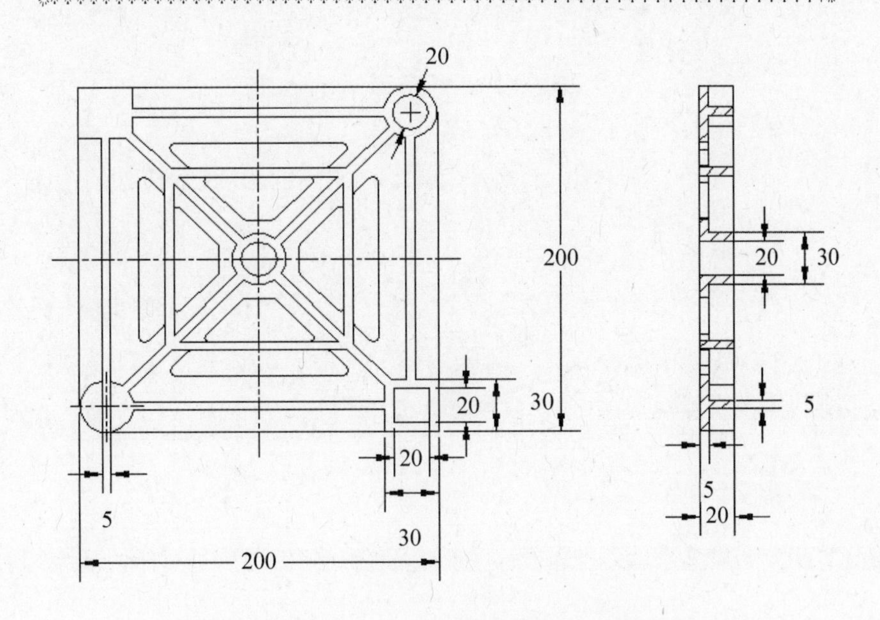

图 4－6　3D 打印制件精度检测的标准试样

表 4－3　SLS 3D 打印标准试样尺寸检测结果

检验项目	名义尺寸/mm	方向	测试结果			
			第一次/mm	第二次/mm	第三次/mm	平均/mm
长	200	X				
宽	200	Y				
高	20	Z				
壁厚	5	X				
		Y				
检测结果评价：						

4.3 SS-403软件界面

进入OGGI-3D软件系统后，打开一个STL文件，将出现如图4-7所示的主界面窗口。

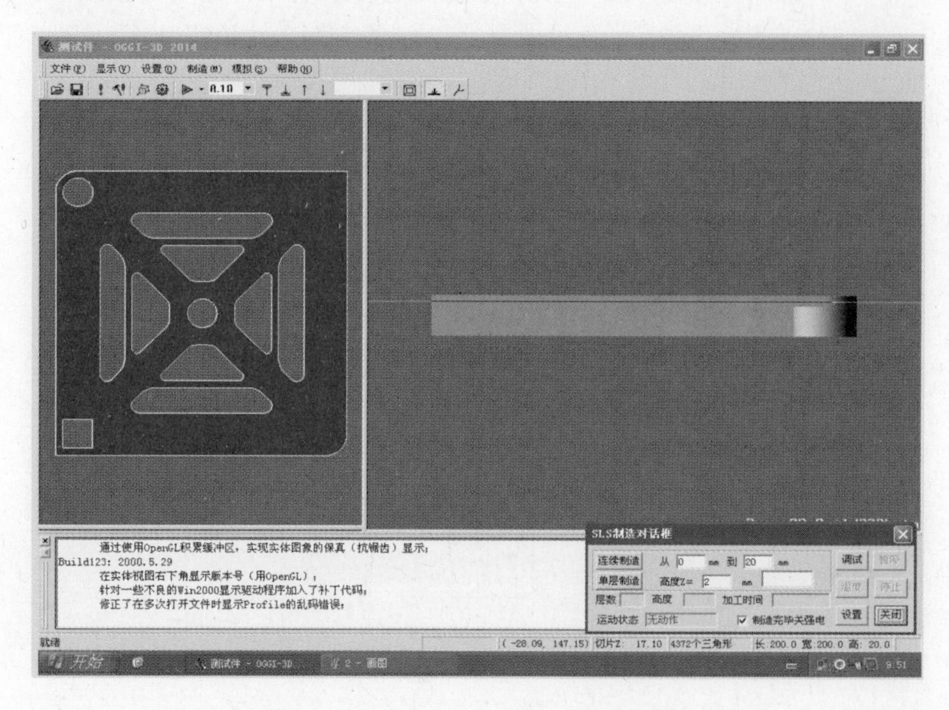

图4-7 OGGI-3D软件系统的主界面窗口

4.3.1 菜单项

菜单项包含【文件(F)】、【显示(V)】、【设置(O)】、【制造(M)】、【帮助(H)】等项。

【文件】：下拉菜单见图4-8。

【打开】：打开一个用户想要进行3D打印加工的STL文件。

【保存】：保存用户对该件STL文件的修改。

【另存为】：不覆盖源文件，把修改后的文件存为另一个文件。

【退出】：退出本程序，结束操作。另外，中间还有几个最近打开文件列表，以显示用户最近打开过的STL文件，方便使用。

【显示】：下拉菜单见图4-9。

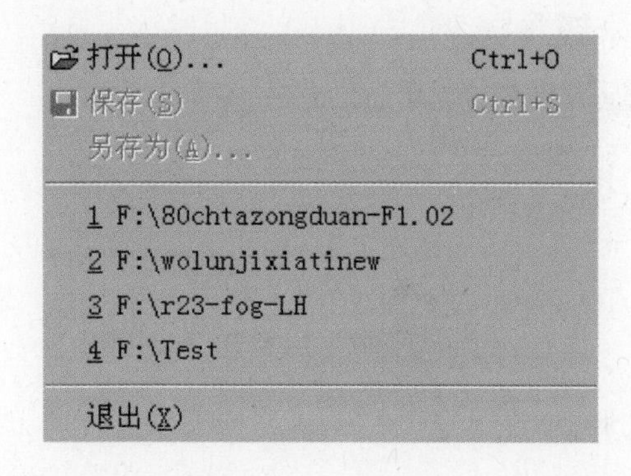

图 4－8　【文件】菜单

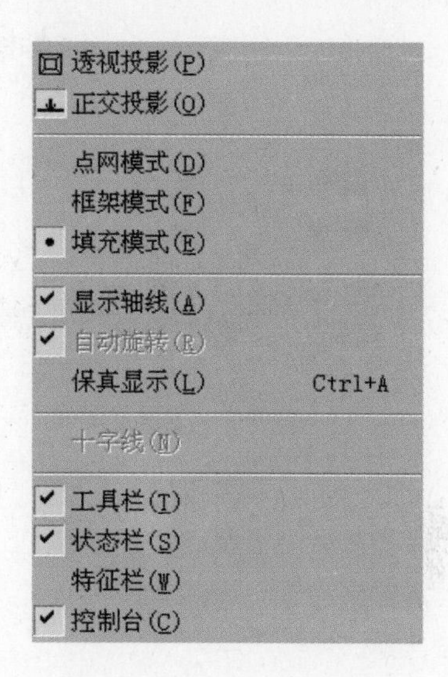

图 4－9　【显示】菜单

4.3.2　显示项

【显示】菜单见图 4－9。图 4－9 中：

【透视投影】：进行旋转、缩放，一般用来观察零件的三维造型。

【正交投影】：在左边视图中显示截面形状。

【点网模式】、【框架模式】和【填充模式】：3D 显示方式，一般使用【填充模式】。

【显示轴线】：选中后，右边视图中的三维模型上会显示三根轴线。

【工具栏】：显示/隐藏工具栏。

【状态栏】：显示/隐藏状态栏。

【控制台】：显示/隐藏控制台。

4.3.3　设置项

【设置】菜单见图 4－10。

图 4－10 中：

【实体变换】、【实体放缩】：显示【实体变换】对话框(见图4－11)。图 4－11 中，旋转表示过中心点，沿 X、Y、Z 轴旋转一定的角度(角度值可以任意写)。放缩表示将零件按比例缩放(比例值可以任意写)。

【制造设置】：点击【制造设置】后将出现【参数设置】对话框，如图 4－12 所示。

图 4 - 10 【设置】菜单

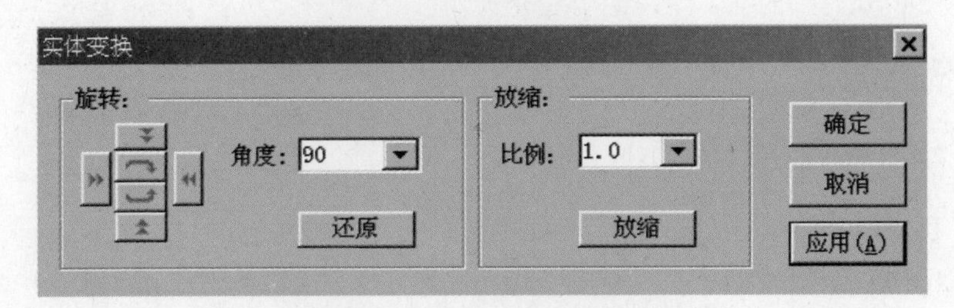

图 4 - 11 【实体变换】对话框

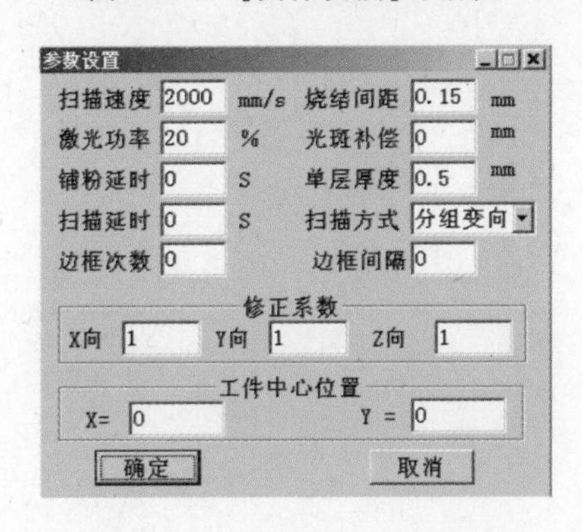

图 4 - 12 【参数设置】对话框

4.3.4 制造项

【制造】菜单如图 4 - 13 所示。点击图 4 - 13 中的【制造】将弹出如图 4 - 14 所示的【SLS 制造对话框】。

图 4 - 14 中：

(1)【单层制造】：单层制造开始，或者制造设定高度 Z 的层面。

(2)【设置】：显示设置对话框。

(3)【连续制造】：全自动制造设定范围内的实体零件。

(4)【制造完毕关强电】：选择此复选框时，自动制造完毕后系统会自动关闭系统强电。

(5)【暂停】：多层制造时暂停制造，再按此按钮时继续多层制造。

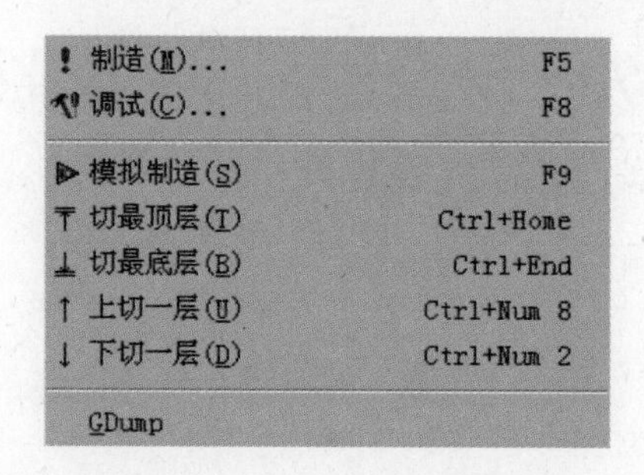

图 4-13 【制造】菜单

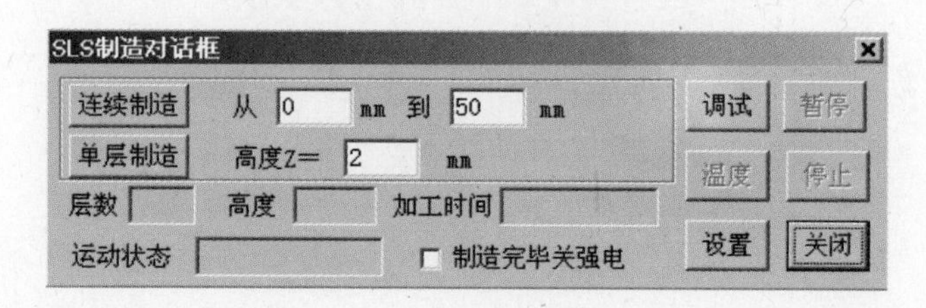

图 4-14 【SLS 制造对话框】

(6)【停止】：停止多层制造，但必须在完成一层的烧结后才能停止。

(7)【关闭】：停止并关闭 SLS 制造对话框。

点击图 4-13 中的【调试】将弹出如图 4-15 所示的【SLS 调试面板】。图 4-15 中显示各温度值、多层制造时当前烧结层的高度和层数以及加工时间(此对话框适用双缸式 SS-403 及三缸式 SS-403A)。

图 4-15 中：

(1)【电源开关】：打开和关闭激光器、扫描振镜、风扇。

(2)【铺粉刮刀】：铺粉刮刀往右或往左移动，按一下铺粉刮刀往右铺粉或往左铺粉按钮，铺粉刮刀完成一次从左(右)至右(左)极限位置的移动。

(3)【铺粉停止】：在铺粉刮刀往右移动或往左移动过程中，可在任何位置使铺粉刮刀停止。

(4)【粉桶】：使送粉缸和中国工作缸上升(下降)所设定的高度，单位为毫米。

(5)【粉桶停止】：在送粉桶上升(下降)过程中使其停止。

(6)【激光调试】：扫描一个边长为 200 mm×200 mm 的正方形外加十字线。只扫描轮廓线。

点击图 4-13 中的【模拟制造】将弹出如图 4-16 所示的菜单，选择【从底层开始】将弹出如图 4-17 所示的【模拟制造】对话框。

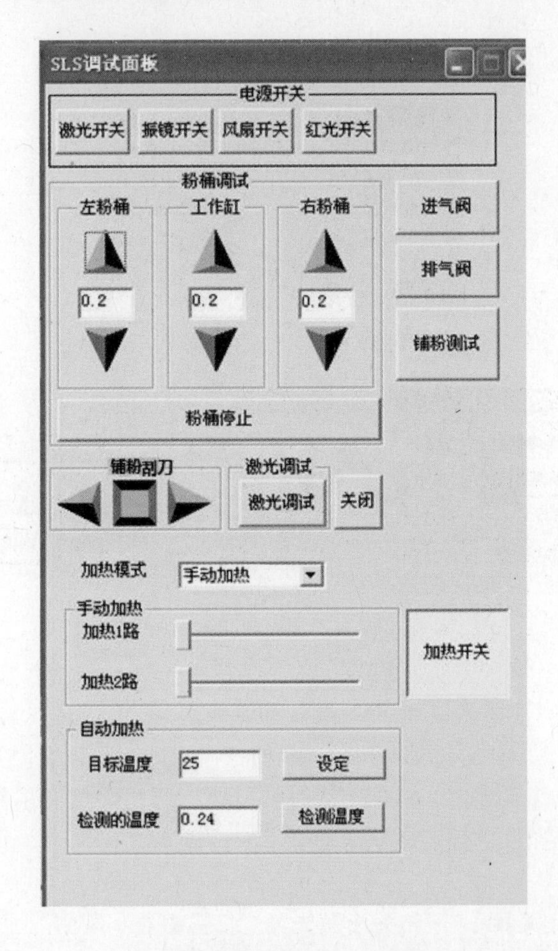

图 4-15 【SLS 调试面板】对话框(SS-403 型及 SS-403A 型共用)

图 4-16 【模拟制造】菜单

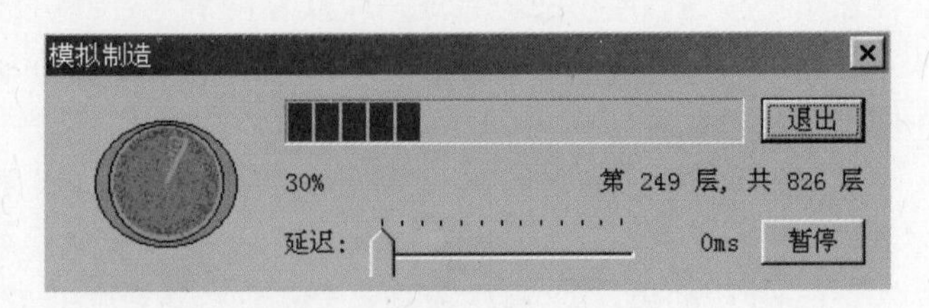

图 4-17 【模拟制造】对话框

图 4-13 中,【切最顶层】用于显示最顶层的切片图形;【切最底层】用于显示最底层的切片图形;【上切一层】用于显示上一层的切片图形;【下切一层】用于显示下一层的切片图形。

4.3.5　工具栏

工具栏其实是菜单项的快捷方式，上面一行分别对应于【打开】、【保存】、【制造】、【调试】、【实体变换】、【制造设置】、【模拟制造】、【设置切片层厚】、【切最顶层】、【切最底层】、【上切一层】、【下切一层】、【设置切片 Z 值】、【透视投影】、【正交投影】、【还原】，见图 4－18，其详细用法请见菜单项说明。

0.10

图 4－18　工具栏

4.3.6　状态栏

状态栏总共 4 格，第一格显示工具提示，第二格显示当前切片的 Z 坐标或选择的 Z 位置，第三格显示当前加工的零件由多少个三角形构成，第四格显示当前零件的长、宽、高，如图 4－19 所示。

就绪　切片Z: 5.00　10198个三角形　长:109.2 宽:111.9 高:40.0

图 4－19　状态栏

4.3.7　各参数的功能和要求

SS-403 软件各参数的功能和要求如下：

扫描速度：振镜扫描头运动的速度。速度范围为小于等于 7000 mm/s。建议取 2000～3000 mm/s。

激光功率：激光功率的百分比。

铺粉延时：自动制造中，一层扫描结束后，工作缸下降一个单层厚度，并设定延时时间后再进行铺粉动作。设定延时时间默认值为 0 秒(此参数的设置一般用于研究，正常加工时此参数不用设置)。

扫描延时：自动制造中，铺粉动作结束并延时一段时间后，再进行激光扫描。默认值为 0 秒(设置此参数可以保证温度场均匀后再进行烧结)。

烧结间距：相邻扫描线之间的间距。间距过大会影响零件强度，过小会增加 3D 打印加工时间。根据不同的打印材料一般在 0.05～0.3 mm 之间取值(建议为 0.1 mm)。

光斑补偿：激光烧结时，在打印制件轮廓线上会产生热量扩散，使得不应烧结的粉末也被烧结，而使得打印制件壁厚增加。光斑补偿一般用于改变制件壁厚，取值为“正数”时，则使制件壁厚减薄。例如，设为 0.1 mm 则打印制件外壁向内移 0.1 mm，同时打印制件内壁向外移 0.1 mm，即打印制件壁厚减小 0.2 mm。根据不同材料和制件壁厚要求可选择不同系数，具体数值应根据试验来定。当需要增加制件壁的厚度时，可将光斑补偿数字设为“负数”；无需补偿时取值为 0(此参数的设置一般用于研究，正常加工时此参数不用设置)。

单层厚度：为切片间距，等于工作缸下降的高度。厚度过大会影响零件精度，过小会加大加工时间，根据不同的打印材料一般为 0.1～0.3 mm(建议为 0.2 mm)。

修正系数：用于修正打印制件因材料或后处理工艺引起的收缩或膨胀误差，在 X、Y、Z 不同方向上乘以补偿系数(百分比)加以修正，具体数值应根据实验数据来定(无修正时为 1)。

修正系数＝(理论值/实际测量值)×原修正系数。

扫描方式：可以选择三种扫描方式。一般选择分组变向扫描方式，此扫描方式节省烧结时间。

4.4 常见故障及处理

SS-403 系统如果出现故障，可根据表 4－4 所示故障处理办法进行查找并处理，一般均能解决。若用户仍然无法解决，请与供应商联系。

表 4－4 SS-403 系统常见故障及处理方法一览表

序号	常见故障	产生原因	解决方法
1	开机后计算机不能启动	硬件接插件未安装好	检查所有插头和总电源开关
2	STL 文件打开后，图形文件不正常	(1) 三维 CAD 软件转换 STL 文件格式不正确； (2) STL 文件有错	(1) 将三维 CAD 软件重新转换(二进制或文本格式)； (2) 对 STL 文件进行纠错
3	激光扫描线变粗，功率变小	(1) 反射镜损坏； (2) 光路偏移； (3) 动态聚焦不动	(1) 更换反射镜； (2) 调节光路； (3) 与制造商联系
4	振镜不工作	(1) Mark 板未加载或加载失败； (2) 控制板连线松动； (3) 控制器中对应的驱动板或保险管烧坏	(1) 重新确认加载； (2) 与制造商联系

续表

序号	常见故障	产生原因	解决方法
5	激光不工作	(1) Mark 板未加载或加载失败; (2) 激光器温度过高或冷水机未工作; (3) 光路偏移或反射镜损坏; (4) 激光器连线有问题; (5) 激光器损坏	(1) 重新确认加载; (2) 接通并检查冷却器工作是否正常; (3) 调整光路或更换反射镜;与制造商联系
6	温度显示故障	(1) 传感器损坏; (2) 连线松动	(1) 更换传感器; (2) 与制造商联系
7	极限故障	限位开关损坏	更换极限开关
8	SLS 制件层间黏结不好	(1) 材料与烧结工艺参数不匹配; (2) 激光器能量不足	(1) 调整烧结参数; (2) 检查光学镜片,调整光路,检查冷却水温度
9	冷却机工作不正常,冷却机温控器数据闪动	(1) 温度传感器线断; (2) 压缩机出现接触不良	(1) 重新接线; (2) 打开冷却机壳检查接线; (3) 与制造商联系
10	任一路空气开关断开	路中有短路现象	与制造商联系
11	加热管不亮	(1) 保险管损坏; (2) 加热管损坏; (3) 板卡接触不良	(1) 更换保险管; (2) 更换加热管; (3) 重新拔插板卡; (4) 与制造商联系
12	刮刀无法移动	(1) 电机或丝杆出现故障; (2) 钢带卡死; (3) 钢带变形; (4) 变频器损坏	与制造商联系
13	工作缸无法移动	(1) 丝杆走到极限位置; (2) 限位开关损坏; (3) 电机驱动器损坏; (4) 电机锁紧螺母松动	(1) 使撞块离开极限开关; (2) 更换限位开关; (3) 更换电机驱动器; (4) 与制造商联系

4.5 设备维护及保养

4.5.1 整机的保养

1. 电柜的维护

电柜在工作时严禁打开，每次做完零件件后必须认真清洁，防止灰尘进入电器元件内部，引起元器件损坏。

2. 电器的维护

各电机及其电器元件要防止灰尘及油污污染。

3. 设备的维护

各风扇的滤网要经常清洗，机器各个部位的粉尘要及时清扫干净。

4.5.2 工作缸的保养及维护

制作3D打印制件之前和制件做完之后，都必须对工作平台、铺粉刮刀、工作腔内整个系统进行清理(此时必须取出SLS打印的制件)。

清理步骤如下：

(1) 把剩余的粉末取出。

(2) 用吸尘器吸走工作缸及其周围的残渣。

4.5.3 Z轴丝杆、刮刀导轨的保养及维护

定期对Z轴丝杆及铺粉刮刀、导轨进行去污、上油。铺粉刮刀、导轨每周需补充润滑油一次，Z轴丝杆每隔三个月需补充润滑油一次，具体方法如下：

1. 铺粉刮刀、导轨的润滑

打开后门，将盖在刮刀上的皮老虎掀起，分别在两条导轨上加注润滑油(或40号机油)，然后将铺粉刮刀左右移动数次即可。

2. 工作缸、送粉缸导柱、导套和丝杆的润滑

将工作缸和送粉缸上升到上极限位置，松开固定活塞不锈钢盖板的螺钉，轻轻取下不锈钢板(钢板下的毛毡不得错位)，用油枪对准导柱(四根)注射适量的润滑油(或40号机油)，丝杆使用锂基润滑脂(专用润滑油)轻涂在丝杆螺纹里，轻轻盖上不锈钢板(钢板下的毛毡不得错位)，然后拧紧螺钉，再将工作缸上下运动一次即可。

4.5.4　激光窗口保护镜处理

定期清洁激光窗口保护镜，先用洗耳球吹一吹保护镜，再用脱脂棉签蘸少许无水酒精或者丙酮，轻轻擦洗保护镜表面的污物。注意：擦拭的时候动作要轻，以免划伤镜片。此外，每隔一个月还必须对所有运动器件、开关按钮、冷却机、加热器、进排气口进行必要的检查，以确保系统处于良好的工作状态。

4.6　外光路调整

4.6.1　有反射镜的外光路系统

有反射镜的外光路系统的平面布置图如图 4－20 所示。这种光路布置适用于 SLS 3D 打印机整机顶面沿 X 轴长度方向的尺寸较小，不足以将激光器、扩束镜、动态聚焦模块及扫描振镜同时沿 X 轴向放置成一直线的情况，故设置多个反射镜将激光束传输到扫描振镜。这种光路系统的调整方法及步骤如下：

(1) 启动计算机，进入操作系统中的【调试】菜单。

(2) 将有机玻璃片放在激光器与反射镜头 1 之间，用鼠标点击【开启】按键开/关激光。逐步调整反射镜 1 在安装座上的位置，使打在有机玻璃片上的光斑位置位于反射镜的中心位置上，一旦激光束光斑对准镜片中心，即可关上激光。

将有机玻璃片置于反射镜 1 的出口与反射镜 2 的入口，打开激光器，移动有机玻璃由反射镜 1 到反射镜 2，观察光斑是否为圆斑，要求光斑在反射镜 1 的出口与反射镜 2 的入口的中心位置上。若不满足要求，则调整固定镜片 1 的反射角及镜片 2 的安装位置，使其满足要求。

(3) 将有机玻璃置于反射镜 2 与反射镜 3 之间，由近及远调整光束射向，调试方法及要求同步骤(2)。调整反射镜 2 的反射角及反射镜 3 的安装位置，使光斑在反射镜 2 出口处的光斑为圆斑，并位于反射镜 3 入口的中心位置上。

(4) 将有机玻璃片置于反射镜 3 与动态聚焦镜模块入口之间，调试方法见步骤 (3)。

(5) 调整振镜动态聚焦扫描系统的安装位置，使聚焦点正好位于刮刀平面上。将一张感光白纸置于粉末床平面上，在 SLS 调试面板上点击【激光调试】，使扫描头动作，在感光白纸上扫描一个 200 mm×200 mm 的有十字线的正方形

(即画一个田字形)。观察前后左右的扫描痕迹是否均匀，观察光斑是否很尖细，并测定田字形上直线相交的九个交点之间的尺寸精度是否合格，否则微调振镜动态聚焦扫描系统的安装位置使光斑达到最细。

系统激光光路调整时，应与制造商联系并请专业人员调整。

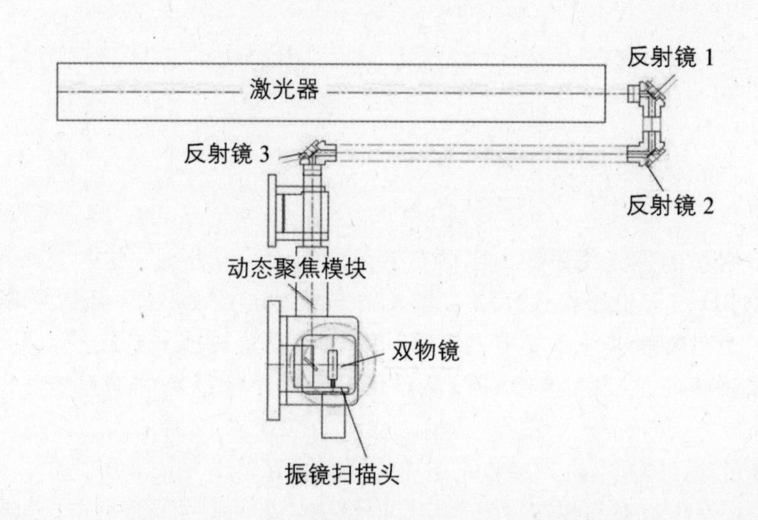

图 4-20　有反射镜的外光路系统的平面布置图

4.6.2　无反射镜的外光路系统

图 4-21 所示为无反射镜的外光路系统的平面布置图，这种系统适用于打印机顶面沿 X 轴长度方向的尺寸足够大，能同时沿一直线放置激光器、扩束镜、动态聚焦模块和扫描振镜的情况。

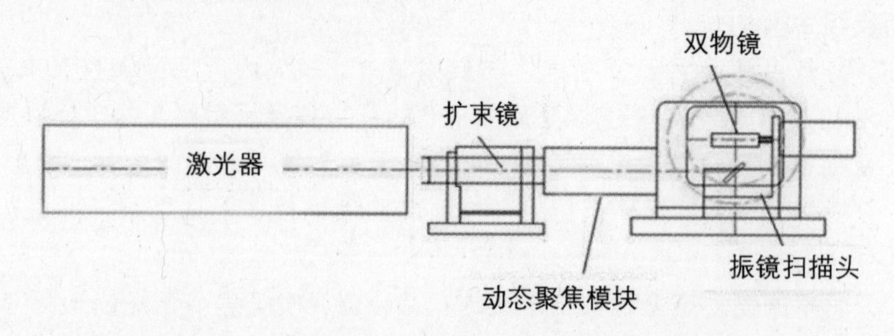

图 4-21　无反射镜的外光路系统的平面布置图

4.7　系统软件的安装与维护

系统配置的电脑为工业控制计算机，出厂前操作系统和应用软件都安装完好。用户使用时应该专机专用，避免由于误操作、计算机病毒等原因引起系统故障。拷入数据前(如 STL 文件)，请对数据源盘进行查杀病毒的处理，尽量确保不将病毒带入计算机。如果确实发现操作系统故障，最好按方案一(即 4.7.1 节)恢复系统，如果全新安装，请按方案二(即 4.7.2 节)的步骤进行。

4.7.1　利用 ghost 恢复系统

(1) 系统出厂前，将系统盘(C 盘)备份为一个镜像文件。操作如下：

① 将系统启动到 DOS 状态下，进入存放 ghost 的目录，输入 ghost。

② 选择【Local】—【Partition】—【To Image】—【OK】(不支持鼠标的情况下，利用【Tab】键将焦点移到【OK】按钮上，之后点击【Enter】键)。在弹出的对话框中选中要镜像的盘，按【OK】按钮，在弹出的对话框中选择保存镜像文件的盘、目录以及镜像文件的名字，填好后，按【Save】键，在弹出的对话框后按【Enter】键，在弹出的对话框中选中【Yes】后，按【Enter】键，将 C 盘备份为一个对象文件。

(2) 恢复系统(一定要仔细，不要覆盖错盘)。

① 系统若出现异常，按程序顺序全部关闭，再关闭电脑。然后按程序顺序重新启动电脑，看操作是否正常，若还不正常，则按下列步骤安装检试。

② 将系统启动到 DOS 状态下，进入存放 ghost 的目录，输入【ghost】。

③ 选择【Local】—【Partition】—【From Image】，利用弹出的对话框选中备份的镜像文件，按【Open】按钮，在弹出的对话框中按【OK】按钮，在弹出的选择目标盘的对话框中选择要覆盖的盘(认真!! 慎重! 不要选错!!)，之后按【OK】按钮，在弹出的对话框中选中【Yes】后，按【Enter】键。

4.7.2　手动安装

手动安装时，首先安装好 Windows 操作系统，并完成工控机主板、显卡等基本硬件的驱动程序。

(1) 安装 SCANLAB 的振镜系统驱动时，需在没有插入振镜控制卡前，先运行 Drivers 目录下对应的 RTC4Setup. exe，关闭计算机，然后插入振镜控制卡，再启动系统。

(2) 运行 MPC07SP V2. 0. 1 目录下的 MPC07SP V2. 0. 1 可执行文件，安

装系统控制驱动。

(3) 运行提供的 DriverSetup 目录下的 MarkDoc，安装本系统的硬件驱动，具体界面如图 4-22 所示。

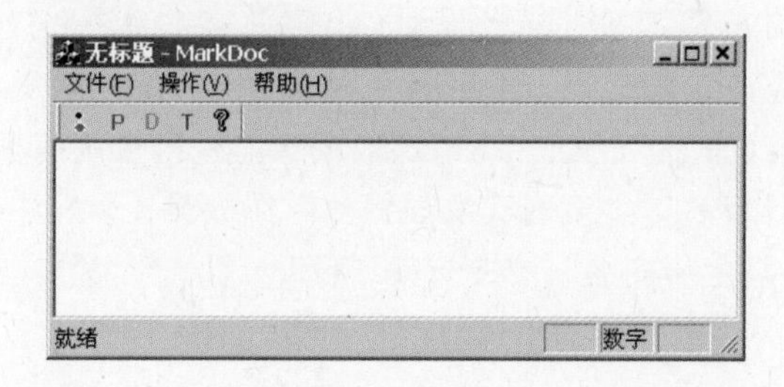

图 4-22　MarkDoc 安装本系统的硬件驱动界面

单击出现如图 4-23 所示的对话框。

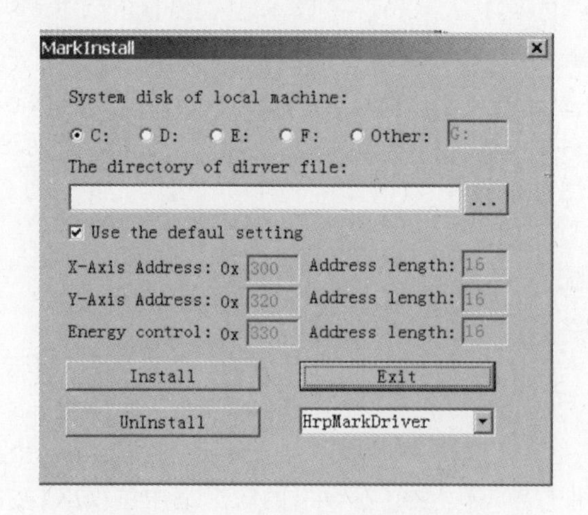

图 4-23　MarkInstall 系统安装盘

单击 ...，选择 DriverSetup 目录下的 SlsTempDriver. sys，然后单击 Install 安装温控系统驱动。

(1) 拷贝 DriverSetup 目录下 dll 文件夹中的所有 dll 文件到 C:\WINNT\system 目录中。

(2) 将振镜校正文件改名为 sls. ctb，放在 C:目录下。

(3) 安装完毕后启动计算机到 Windows 2000 操作系统即可运行 PowerRP 软件系统进行加工。

软件提示：

(1) 制作零件前，最好进行运行时间预估，看看填充路径是否正常。如果某些层出现生成路径不正常，请将光斑补偿设为0，边框次数及边框间距设为0，扫描方式改为【逐行扫描】后再试。

(2) 零件实体显示为深绿色，路径填充错误很多，说明STL文件有非常严重的错误，需通过CAD造型系统重新生成正确的STL文件再加工。

(3) 程序出现非正常跳出后无法正常运行，请重启计算机后运行。

第5章　SLS 3D打印技术的发展

5.1　SLS设备软件控制系统方面的创新

国内华中科技大学张立超等在SLS设备软件控制系统的研发方面做了许多工作，并一直处于国内领先状态。SLS设备软件控制系统创新系统全部软件均由自行研制开发，具有自主知识产权，兼容其他商业软件数据，终生免费升级。

1. 提出在线式软件系统和离线式软件系统工艺软件

1) 在线式软件系统

在线式软件系统的特点如下：

(1) 可实时修改参数，如层厚等。

(2) 占用计算机资源较多。

2) 离线式软件系统

离线式软件系统的特点如下：

(1) 占用计算机资源较少。

(2) 不能在加工过程中修改参数。

2. 提出独创工艺软件的理论和方法

1) 独有的STL文件容错切片技术

张立超等人提出了STL文件的容错切片理论，提出了容错切片方法，这项技术能自动修复错误，无需另配纠错软件或进行人工纠错。

3D打印采用分层堆积方法成形，对三维实体模型进行切片时，需经三角化处理(见图5-1)，这一过程容易出现错误。图5-2所示为经三角化处理出错的3D打印制件。

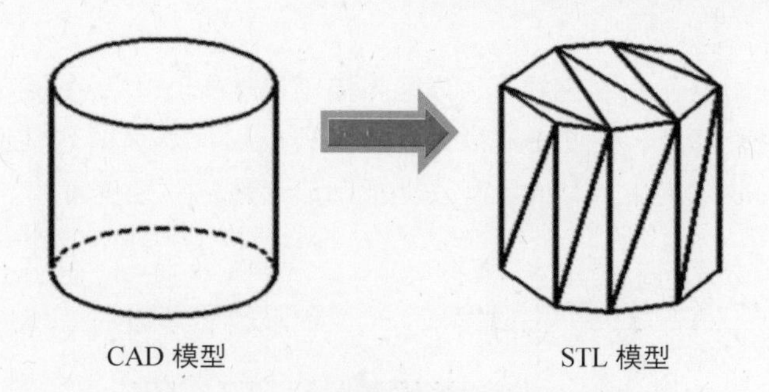

图 5-1　CAD 模型的三角化处理示意图

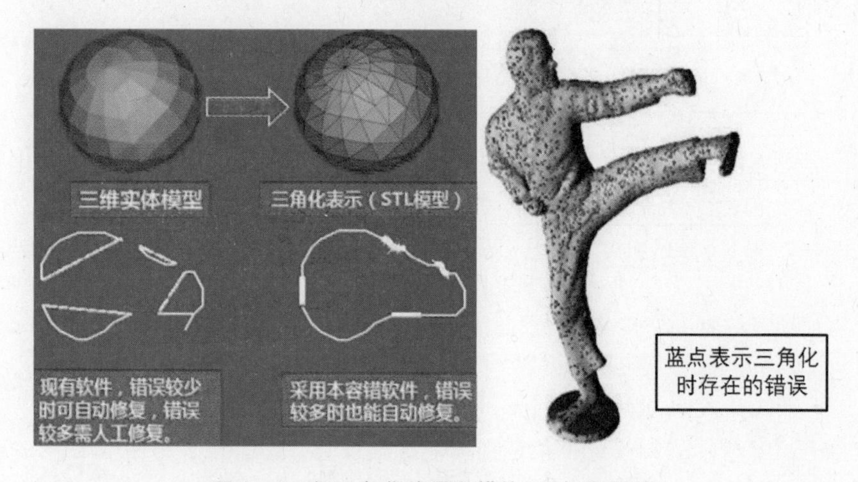

图 5-2　经三角化处理出错的 3D 打印制件

2）自适应切片功能软件

使用自适应切片功能软件时，在零件切片截面没有变化的部分，计算机自动设置较大的间距来提高生产效率；零件切片截面变化大的部分，计算机自动设置较小的间距(见图 5-3 中右边的三角形部位)，以减少台阶效应，提高制件质量，即在保证制件质量的前提下，大幅提高生产效率。

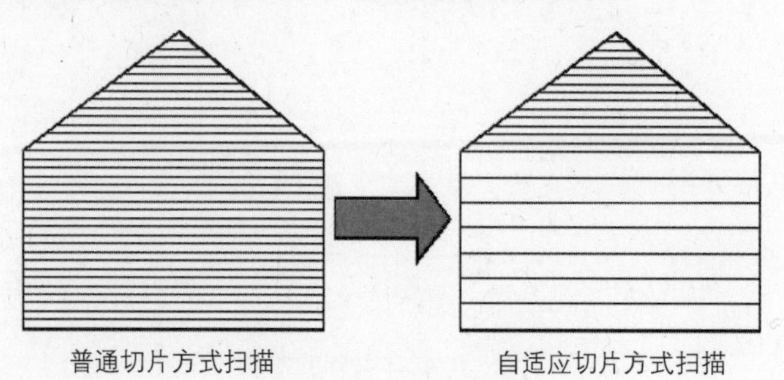

图 5-3　SLS 3D 打印制件自适应切片

3）复合扫描路径

复合扫描路径包括螺旋扫描、分区扫描等(见图 5-4)，在提高成形效率的同时减少翘曲变形量，通过在成形过程中保证成形件表面的均匀融化，有效地消除成形件的收缩内应力，从而有效地抑制成形件的收缩变形。

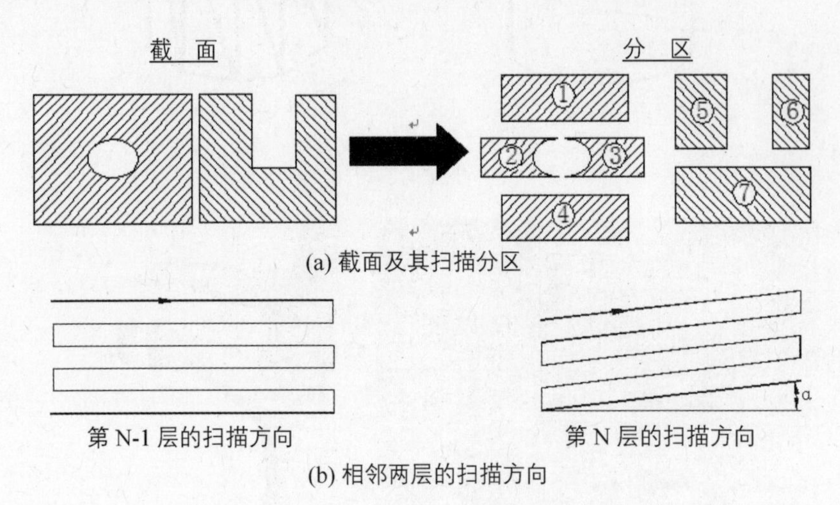

图 5-4　SLS 3D 打印制件的复合扫描方式

4）开发速度规划软件

图 5-5 所示的扫描速度能随曲率半径而变化，既保证了制件精度，又缩短了制造时间。

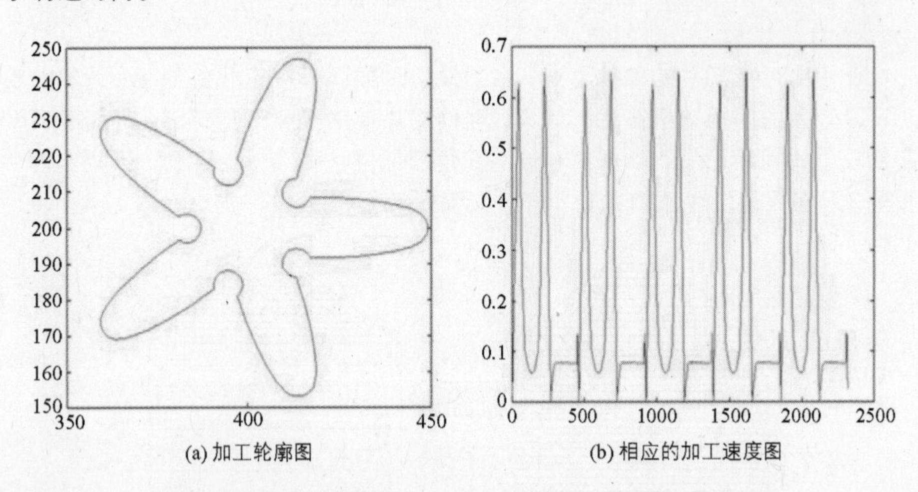

图 5-5　SLS 3D 打印制件的速度规划软件

5）新的STL文件压缩数据存储方式

新的STL文件压缩数据存储方式使STL文件的大小压缩至原来的1/2～1/3。

6）自主开发热源支撑工艺

可以根据零件形状自动生成高度及间隔可调的热源支撑(目前，一般的支撑需要从整个零件的底部开始生成，会造成时间和材料的较大浪费)，使用热源支撑可以在降低关键层温度、便于零件清理的情况下，很好地防止零件制作过程中的翘曲变形，提高零件质量。

7）具有强纠错功能的光斑补偿算法

在零件制作过程中，由于激光光斑有一定大小，为了保证零件精度，必须进行光斑补偿。但是在零件的细小位置或者尖角位置进行光斑补偿时，极易出现错误(如零件切片轮廓环自相交等)，导致零件切片出错，从而导致加工失败。在线式切片软件自主研发的光斑补偿算法可以解决这一问题。

5.2 SLS装备的超大型技术

5.2.1 华中科技大学的超大型SLS 3D打印机

图5-6所示为华中科技大学开发的多款超大型SLS 3D打印机，它们的型号、相应的成形空腔尺寸和扫描系统数量如表5-1所示。

成形腔尺寸为1.2 m×1.2 m×0.6 m　成形腔尺寸为1.4 m×0.7 m×0.6 m　成形腔尺寸为1.4 m×1.4 m×0.6 m

图5-6　华中科技大学开发的多款超大型SLS 3D打印机外形图

表 5－1　华中科技大学开发的超大型 SLS 3D 打印机的机型及技术规格

机型代号	成形空腔的尺寸	扫描系统数量
HRPS－Ⅴ	1000 mm×1000 mm×600 mm	单激光器、单振镜扫描系统
HRPS－Ⅵ	1200 mm×1200 mm×600 mm	单激光器、单振镜扫描系统
HRPS－Ⅶ	1400 mm×700 mm×600 mm	双激光器、双振镜扫描系统
HRPS－Ⅷ	1400 mm×1400 mm×600 mm	四激光器、四振镜扫描系统

5.2.2　多层可调式预热装置

随着 SLS 机成形空腔的尺寸增大，其工作台面上被加热粉末的受热均匀度就是个难题。图 5－7 所示为预热温度不均匀的单层固定式预热装置(图中(a))与华中科技大学开发的超大型 SLS 3D 打印机的多层可调式预热装置(图 b))。后者沿高度方向设置了三层可升降调节的加热系统，其优点是：① 设计了可调

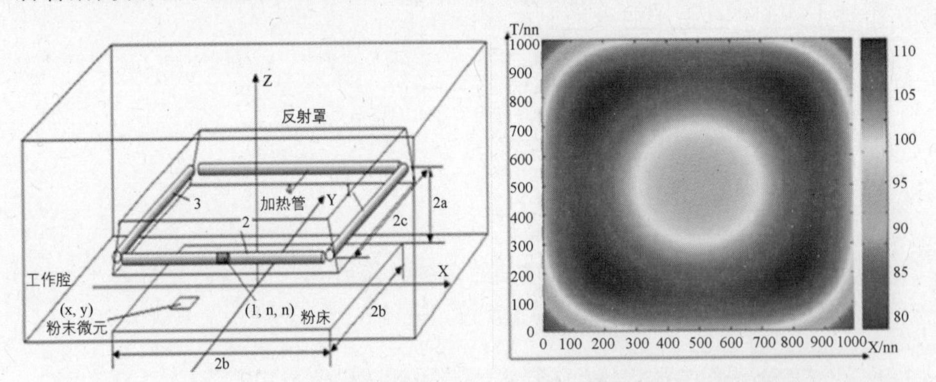

(a) 单层固定式预热装置(左图)预热温度不匀(右图)

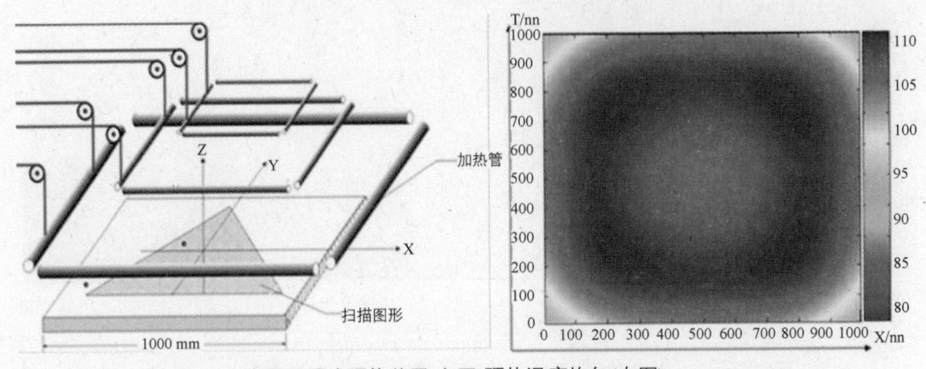

(b) 多层可调式预热装置(左图)预热温度均匀(右图)

图 5－7　单层固定式预热装置与超大型多层可调式预热装置的结构原理图

式加热装置，提高了成形过程中超大范围温度场的温度均匀性；② 开发了抑制超大型复杂零件翘曲变形的热源支撑结构。这些都有利于粉末床均匀预热，对获得尺寸精确、不翘曲变形的大尺寸 PS 蜡模起着至关重要的作用。

5.2.3　多层可调式预热装置中加热管对粉末床温度区域的影响

图 5－8 所示为加热管的高度值对 SLS 粉末床温度分布的影响。图 5－8 说明：① 随着加热管安装高度的增加，温度场高温区逐步向中间移动，即加热管高度安装低时，粉末床温度四周高、中间低；② 加热管高度安装高时，粉末床温度四周低、中间高。随着加热管高度的增加，角系数逐步减少，即在加热管功率不变的情况下，各点受热强度随加热管高度的升高而减少，升温速度减缓。

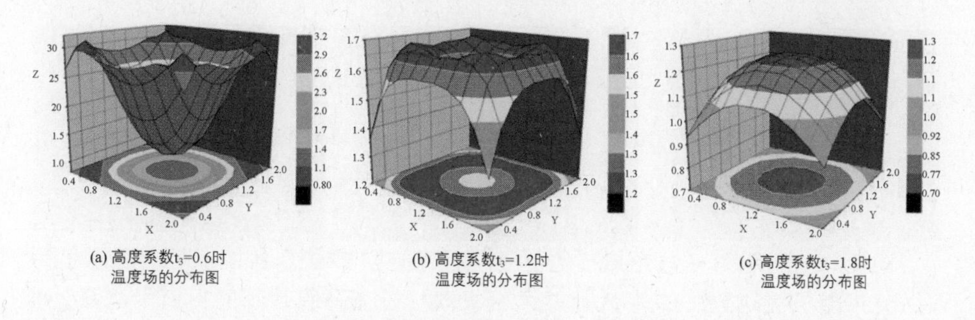

(a) 高度系数t_3=0.6时温度场的分布图　(b) 高度系数t_3=1.2时温度场的分布图　(c) 高度系数t_3=1.8时温度场的分布图

图 5－8　加热管的高度值对 SLS 粉末床温度分布的影响

研究还得出如下结论：

(1) 当安装高度系数大于 1.1(对于 500 mm×500 mm 的工作缸，安装高度大于 275 mm)时，系统的均匀度系数小于 4%，工作场整个区间适合 PS 材料烧结。

(2) 当安装高度系数达到 1.3(即安装高度大于 325 mm)时，中心区域 350 mm×350 mm 范围内均匀度小于 1.1%，满足尼龙烧结要求。

5.2.4　多激光头、多振镜扫描系统

在大幅面扫描场情况下，由于采用多双激光扫描系统，因此可以保证在整个工作面上保持较小的聚焦光斑，保证整个制件的成形精度和强度。图 5－9 所示是成形空间为 1400 mm×700 mm×600 mm 的 1.4 m 双激光扫描系统 SLS 装备提高制件精度原理图。从图 5－9 中可看出，激光束中心聚焦光斑小，随着远离中心聚焦光斑逐渐增大，形状由圆变成椭圆。激光束聚焦光斑过大(如直径大于 0.6 mm 以后)时，对粉末的烧结作用大大降低，使 SLS 制件的强度大大降低，成为无效的光斑尺寸。由图 5－9 还可见，有效光斑尺寸对单激光、单振镜扫描系统而言，其粉床工作台面的尺寸是有限制的，台面越大，扫描烧结

件的精度越差，强度也越低。所以对于大台面粉床，必须采用多扫描系统，才能满足制件精度要求，同时可大大提高打印效率。

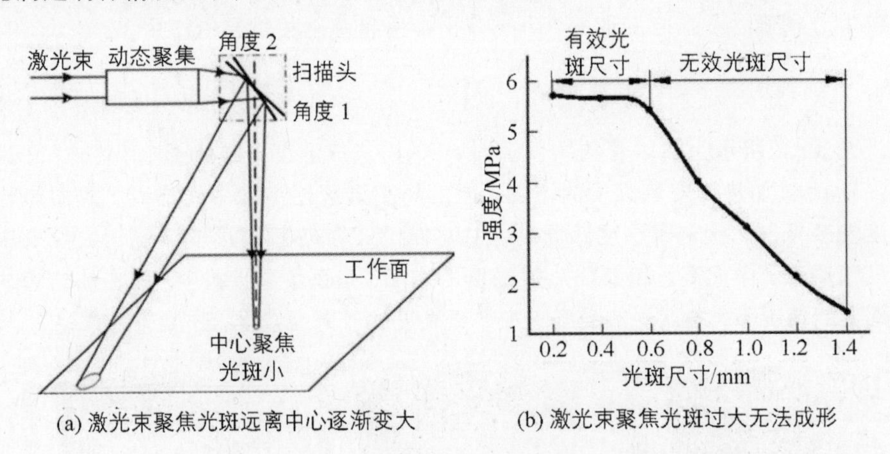

图5-9　双激光、双振镜扫描系统提高光斑精度原理图

5.2.5　多激光扫描边界随机扰动连接方法

图5-10所示为多激光扫描边界随机扰动连接方法示意图。图中表示了用双激光束随机扰动SLS成形大尺寸六缸发动机缸盖覆膜砂芯的扫描示意图，通过随机扰动的边界连接成形技术，与多重随机权重因子曲线生成方法，将左右两半砂芯连接处生成随机的不规则曲线连接，而且每一层连接部位的曲线都是随机变换的，每层的曲线形状不同，位置也不同且不重复，因此保证了烧结制

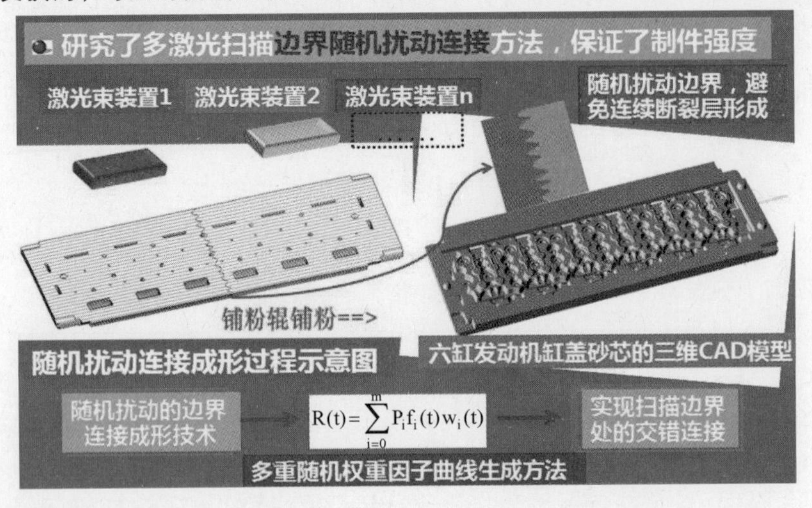

图5-10　多激光扫描边界随机扰动连接方法示意图

件连接处的强度与其他部位一致。同时，分区变向与轮廓复合扫描缩短了空行程长度和分散应力，大大提高了 SLS 3D 打印的效率。

5.2.6　上落(送)粉 SLS 3D 打印系统

图 5-11 所示为 SLS 3D 打印机中的上落(送)粉与下送粉两种送粉系统原理及装备对比示意图。独特的上落粉系统是 SLS 设备机械系统的创新，使 SLS 机器的尺寸仅为下送粉机的 44%，送粉和铺粉的时间仅为国内外生产相同大小 SLS 制件机器尺寸的 40%。上落粉大幅缩小了成形腔体积，提高了预热效率，缩短了铺粉行程(图 5-11(c)所示的下送粉 SLS 机结构中，铺粉辊从起始点到终点的距离，相对上落粉 SLS 机而言，要多运行两个空行程)，因而大大提高了生产效率；上落粉还具有实时在线补充粉料的功能，它不像下送粉 SLS 设备进行打印操作时需要一次性将成形件的粉量加够，烧结过程中不能停机加粉。

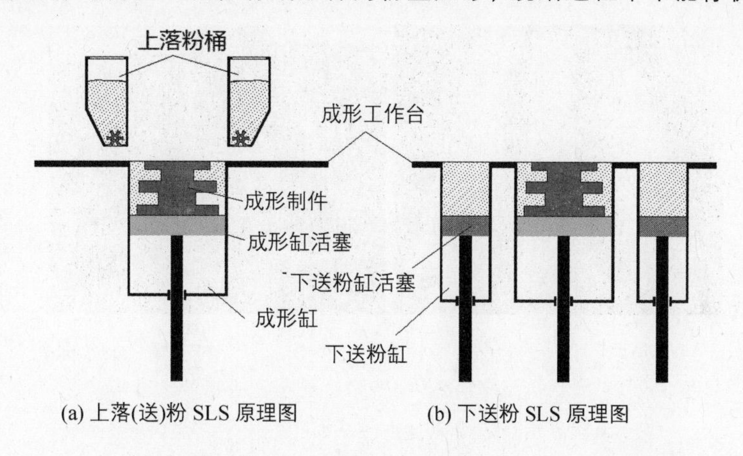

(a) 上落(送)粉 SLS 原理图　　(b) 下送粉 SLS 原理图

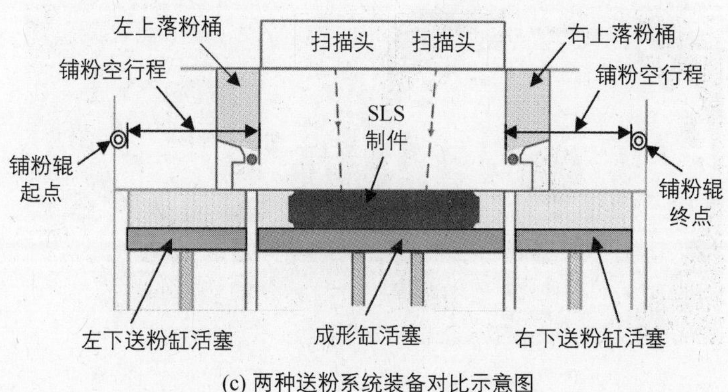

(c) 两种送粉系统装备对比示意图

图 5-11　上落(送)粉与下送粉两种送粉系统原理及装备对比示意图

上述超大型SLS在软件和设备硬件上的进步，使得用该类机型打印了航空航天的大飞机的门框，并浇注了铝合金门框精密铸件(见图5－12)；国内某军工单位用华中科技大学的超大型SLS机打印了大尺寸复杂机匣PS蜡模并浇注了钛合金精密铸件(见图5－13)。华中科技大学的1.4米的双振镜超大型SLS机销售到新加坡后，打印了1.2米高的鱼尾狮PS蜡模(见图5－14)。在覆膜砂应用方面，广西玉柴集团用华中科技大学的超大型1.2米SLS机和由沈其文开发的BZ2.5宝珠覆膜砂，成功打印了四气门六缸大尺寸(近1米长)的KJ100型柴油发动机缸盖砂芯，并在国内首次成功浇注了蠕墨铸铁RuT－340大尺寸缸盖铸件(见图5－15)。随后又成功用该SLS设备打印了大尺寸砂型(砂型尺寸为2000 mm×1000 mm×450 mm)，因砂型尺寸超过了SLS设备的成形腔的工作台面的长度(为1.2 m)，故将砂型分切成左右两半进行打印同时考虑两半砂型能准确对齐拼合，采用了分别由左右两块曲线拼合的设计(见图5－16)。

(a) (b)

图5－12　大飞机门框铸件的PS蜡模及浇注的铝合金精密铸件
(铸件尺寸为1011 mm×109 mm×109 mm)

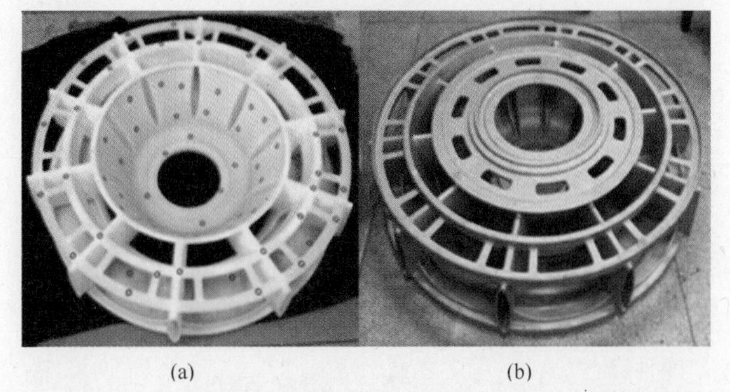

(a) (b)

图5－13　大飞机机匣铸件的PS蜡模及浇注的钛合金精密铸件
(铸件尺寸为ϕ1000 mm×320 mm)

图 5-14 销售给新加坡的 1.4 米超大型 SLS 设备打印的尺寸为 1.2 m 的鱼尾狮 PS 蜡模

(a) KJ100型缸盖的上水套砂芯及下水套砂芯

(b) KJ100型RuT-340蠕墨铸铁缸盖铸件
缸盖尺寸为1000 mm×500 mm×80 mm

图 5-15 玉柴打印的尺寸 1 米长的大尺寸缸盖覆膜砂的砂芯及浇注的 RuT-340 蠕墨铸铁缸盖铸件

上述事实证明，目前国内在超大尺寸 SLS 3D 打印设备方面，不论在软件系统方面还是硬件系统方面，华中科技大学在 SLS 3D 打印领域中的成就已赶上甚至超过世界水平。

(a) 用大型SLS机烧结的MJ100缸体的下砂型和上砂型
(砂型尺寸为2000 mm×1000 mm×450 mm，分别由左右两块曲线拼合)

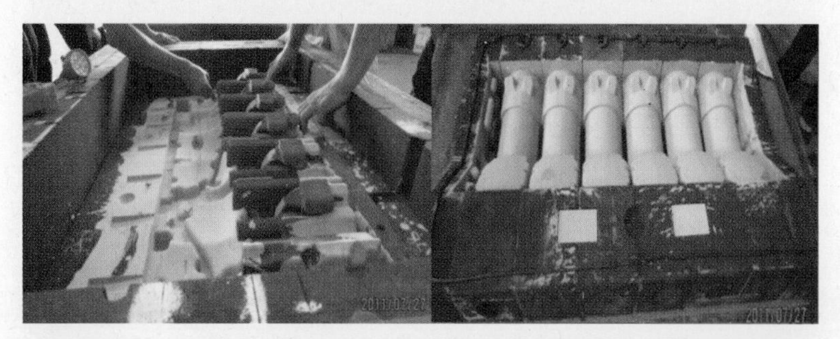

(b) 将SLS打印的全部砂芯装配到下砂型中(左图装气门室砂芯，右图装缸筒砂芯)

(c) SLS制造的MJ100型缸体合箱

(d) 浇注合格的MJ100缸体铸件
(缸体铸件为956 mm ×382 mm ×380 mm)

图 5－16　玉柴用 1.2 米超大型 SLS 设备打印的大尺寸缸体覆膜砂的砂型及砂芯和浇注合格的 MJ100 缸体铸件

参考文献

[1] 王运赣，王宣. 3D打印技术[M]. 武汉：华中科技大学出版社，2014.

[2] 莫健华，史玉升，杨劲松，等. 快速成形及快速制模. 机械工业出版社，2006.

[3] 赵保军，施法中. 选择性激光烧结PC粉末的建模研究. 北京：北京航空航天大学学报，2002，28(6)：660-663.

[4] Das S，Adewunmi B，Williams J M，et al. Mechanical and structural properties of polycaprolactone scaffolds made by selective laser sintering. Transactions - 7th World Biomaterials Congress，2004.

[5] 黎志冲，史玉升，林柳兰，等. 用于选择性激光烧结塑料功能件的基体聚合物烧结材料的研究. 塑料工业，2004，32(4)：45-48.

[6] 消慧萍，曹家庆，范红青. 高分子材料在选区激光烧结中的研究和应用现状，2006，4：25-29.

[7] Salmoria G V，Leite J L，Ahrens C H，et al. Rapid manufacturing of PA/HDPE blend specimens by selective laser sintering：Microstructure characterization. Polymer Testing，2007(26)：361-368.

[8] Yoshioka Y，Asao K，Yamamoto K，et al. Preparation and characterization of nanoscale aromatic polyamide particles. Polymer，2007(48)：2214-2220.

[9] Caulfield B，Mchugh P E，Lohfeld S. Dependence of mechanical properties of polyamide components on build parameters in the SLS process. Journal of Materials Processing Technology，2007 (182)：477-488.

[10] Casalino G，De F L A C，Ludovico A. A technical note on the mechanical and physical characterization of selective laser sintered sand for rapid casting. Journal of Materials Processing Technology，2005，166(1)：1-8.

[11] 樊自田，黄乃瑜. 选择性激光烧结覆膜砂铸型(芯)的研究. 华中科技大学学报，2001，29(4)：60-62.

[12] 覃丹丹，白培康，党惊知. 激光快速成形用覆膜砂工艺参数研究. 热加工工艺，2007，36(5)：43-44.

[13] Tontowi A E，Childs T H C. Density prediction of crystalline polymer sintered parts at various powder bed temperatures. Rapid Prototyping Journal，2001，7(3)：180-184.

［14］ Childs T H C, Tontowi A E. Selective laser sintering of a crystalline and a glass-filled crystalline polymer: experiments and simulations. Proceedings of Institution of Mechanical Engineering, 2001, 215(11): 1481-1495.

［15］ 许超，杨家林，王洋. 尼龙材料的选区激光烧结性能试验研究. 新技术新工艺，2005(1)：41-44.

［16］ Rimell J T, Marquis P M. Selective laser sintering of ultra high molecular weight polyethylene for clinical applications. Journal of Biomedical Materials Research, 2000, 53(4): 414-420.

［17］ Greco A, Maffezzoli A. Polymer melting and polymer powder sintering by thermal analysis. Journal of Thermal Analysis and Calorimetry, 2003, 72(3): 1167-1174.

［18］ Sun M S M. Physical modeling of the selective laser sintering Process. Ph. D., The University of Texas at Austin. 1991, 9.

［19］ Zhu H H, Lu L, Fuh J Y H. Development and Characterisation of Direct Laser Sintering Cu based Metal Powder. Journal of Materials Processing Technology, 2003, 140: 314-317.

［20］ Nikolay K T, Sergei E M, Igor A Y, et al. Balling Processes during Selective Laser Treatment of Powders. Rapid Prototyping Journal, 2004, 10(2): 78-87.

［21］ Goode E. Selective laser system&materials sintering. Advanced Materials and Processes, 2003, 161 (1): 66-67.

［22］ 王建宏，白培康. 选择性激光烧结用复合尼龙粉的制备与性能. 工程塑料应用，2007，1：30-33.

［23］ 王文峰，白培康，王建宏. 复合尼龙粉末激光烧结过程温度场测试系统研制. 工程塑料应用，2007，35(10)：66-68.

［24］ Wang Y, Shi Y, Huang S. Selective laser sintering of polyamide-rectorite composite. Journal of Materials: Design and Applications, 2005, 219(L1): 11-15.

［25］ 张建斌，张全福，徐春艳，等. 溶剂法制备尼龙1212粉末工艺研究. 工程塑料应用，2004，32(1)：22-24.

［26］ 李荣福，胡兴洲. 聚酰胺热氧化降解机理. 聚合物学报，2000，2：136-141.

［27］ 周大纲，谢鸽成. 塑料老化与防老化技术. 北京：中国轻工业出版社，

1998.

[28] Zarringhalam H, Hopkinson N, Kamperman N F. Effects of processing on microstructure and properties of SLS Nylon 12. Materials Science and Engineering: A, 2006, 11: 172-180.

[29] Caulfield B, McHugh P E, Lohfeld S. Dependence of mechanical properties of polyamide components on build parameters in the SLS process. Journal of Materials Processing Technology, 2007, 182, 477-488.

[30] Haseung C, Suman D. Processing and properties of glass bead particulate-filled functionally graded Nylon-11 composites produced by selective laser sintering. Materials Science and Engineering, 2006, 437: 226 - 234.

[31] Mazzoli A, Moriconi G, Giuseppe M. Pauri Characterization of an aluminum-filled polyamide powder for applications in selective laser sintering. Materials and Design, 2007, 28: 993-1000.

[32] 汪艳，史玉升，黄树槐．激光烧结尼龙12/累托石复合材料的结构与性能．复合材料学报，2005，22(2)：52-56.

[33] Liu H, Fan Z. A note on rapid manufacturing process of metallic parts based on SLS plastic prototype. Journal of Materials Processing Technology, 2003, 142 (3): 710-713.

[34] 樊自田，黄乃瑜．选择性激光烧结覆膜砂铸型(芯)的固化机理．华中科技大学学报，2001，29(4)：60-62.

[35] 赵东方，张巨成，庞国星．激光快速成形砂型铸模用烧结剂的制作和应用．热加工工艺，2005，1：21-22.

[36] 杨力，史玉升，沈其文．选择性激光烧结覆膜砂芯成形工艺的研究．铸造，2006，55(1)：20-22.

[37] 季庆娟，刘胜平．酚醛树脂固化动力学研究．热固性树脂，2006，25(5)：10-12.

[38] Yang J S, Shi Y S, Shen Q W, et al. Selective laser sintering of HIPS and investment casting technology. Journal of Materials Processing Technology, 2008, 4.

[39] Yang J S, Shi Y S, Yan C Z. Preparation polyamide-12 composites powders for SLS and its sintering characteristics. International Conference on Advances in Polymer Technology, 2008, 9.

[40] 杨劲松，沈其文，史玉升，等．SLS模料特性及熔模铸造工艺研究．特种

铸造及有色合金，2007，27(1)：53-56.

[41] 杨劲松，沈其文，余立华，等. 选择性激光烧结复杂液压阀体砂型/芯及浇注工艺，铸造，2006，55(12)：1227-1231.

[42] 沈其文，杨劲松. 复杂铸件的快速制造. CMJ 机械与金属，2007，7：40-44.

[43] 史玉升，刘洁，杨劲松，等. 小批量大型复杂金属件的快速铸造技术. 铸造，2005，54(8)：754-757.

[44] 闫春泽，史玉升，杨劲松，等. 高分子材料 SLS 中次级烧结实验. 华中科技大学学报：自然科学版，2008，36(5)：86-89.

[45] Shi Y S, Yan C; Yang J S, et al. Multiphase Polymer materials for Rapid Prototyping & Tooling Technologies and Their Applications. Second International Conference on Polymer Blends, Composites, IPNs, Membranes, Macro to Nano Scales, 2008, 9: 73-74.

[46] 徐林，史玉升，闫春泽，等. 选择性激光烧结铝/尼龙复合材料粉末. 复合材料学报，2008，25(3)：25-30.

[47] 闫春泽，史玉升，杨劲松，等. 尼龙 12/铜复合材料粉末及其选择性激光烧结成形. 材料工程，2007，12：48-51.